定向深孔爆破断顶技术
原理及工艺

刘志刚　万　晓　著

U0299636

中国建筑工业出版社

图书在版编目（CIP）数据

定向深孔爆破断顶技术原理及工艺/刘志刚，万晓著.—北京：中国建筑工业出版社，2022.6
ISBN 978-7-112-27543-4

Ⅰ.①定… Ⅱ.①刘… ②万… Ⅲ.①煤层—深孔爆破—研究 Ⅳ.① TD235.4

中国版本图书馆CIP数据核字（2022）第107824号

责任编辑：万 李
责任编辑：张惠雯

定向深孔爆破断顶技术原理及工艺

刘志刚 万 晓 著

*

中国建筑工业出版社出版、发行（北京海淀三里河路9号）
各地新华书店、建筑书店经销
北京海视强森文化传媒有限公司制版
北京建筑工业印刷厂印刷

*

开本：787 毫米 × 1092 毫米 1/16 印张：12$\frac{1}{2}$ 字数：244 千字
2022 年 10 月第一版 2022 年 10 月第一次印刷
定价：**49.00** 元
ISBN 978-7-112-27543-4
（39720）

前　言

　　冲击地压是矿山开采中发生的煤岩动力现象之一。这种动力灾害通常是在煤岩力学系统达到极限强度时,聚积在煤岩体中的弹性能量以突然、急剧、猛烈的形式释放,在井巷发生爆炸性事故,造成煤岩体振动和破坏,冲击将煤岩抛向井巷,同时发出强烈声响,造成支架、设备、井巷的破坏、人员的伤亡等。冲击地压还可能引发其他矿井灾害,尤其是瓦斯、煤尘爆炸、火灾以及水灾,干扰通风系统,强烈的冲击地压还会造成地面建筑物的破坏和倒塌等。因此,冲击地压是煤矿的重大灾害之一。

　　冲击地压作为岩石力学中的复杂疑难问题之一,是国内外许多岩石力学工作者的重要研究内容,特别是冲击地压发生机制问题,更是过去几十年来国内外有关专家与学者共同关注的焦点。我国自1976年开始系统研究冲击地压以来,在冲击地压发生机制、冲击倾向性测定、冲击地压监测仪器与设备、冲击地压治理技术等多方面取得了一定的成果。尽管如此,就冲击地压的研究而言,冲击地压发生机制至今尚不完全清楚,冲击地压预测与防治的有效性有待进一步提高。并且,随着开采深度的进一步加深,我国冲击地压将更加严重。因此,如何针对煤炭在我国能源中的地位及煤矿开采发生冲击地压的实际情况,进一步开展理论与实践研究,促进煤矿的安全生产,具有重要的现实意义。

　　对于冲击地压的防治技术而言,国内外采用较为普遍的方法主要是优化开采布置、保护层开采、煤层松动爆破、煤层预注水等。这些方法主要是通过改变煤层的储能条件和应力条件,从而达到降低冲击危险程度的目的。事实上,冲击地压的形成与整个煤岩体条件均具有密切关系,尤其是当顶板(或底板)岩层具有较好的储能条件时(比如坚硬、致密、完整性好、厚层、悬顶距离大等),极易发生冲击地压。在这种条件下,如果能够及时改变顶(底)板岩层的性质,使其不具备或降低存贮弹性能的能力,冲击地压的危险性将大大降低。对于已具有冲击危险的煤岩层,采用的控制方法有煤层卸压爆破、钻孔卸压、煤层切槽、底板定向切槽、顶板定向断裂等。这些方法在我国均有了一定的应用。

　　目前,在我国的冲击地压煤层开采实践过程中,要防止冲击地压的发生,应首先进行合理开采布置,在设计阶段保证合理的开采布置和开采顺序,保证掘进和回采时发生冲击地压的可能性降到最低;在此基础上,采用保护层开采技术,以消除产生高应力的条件;对于回采过程中具有冲击危险性的区域,主要采用爆破卸压技术,解除局部煤体的冲击危险性。对于深孔断顶爆破技术,目前在国内一些受冲击地压影响的矿区开展了应用,且取得了良好的效果。

综上所述,本书着眼于改变顶板岩层储能条件,结合具有严重冲击倾向性煤层的开采实践,探讨了深孔断顶爆破防治冲击地压的有效性,采用数值模拟方法研究了深孔断顶爆破后煤岩体的应力演化状况,同时采用深孔断顶爆破技术开展了深孔断顶爆破防治冲击地压的实践,采用钻孔应力监测、钻孔成像方法等对深孔断顶爆破效果进行了评判。全书组织了大量的素材,自成体系,并附有大量的图表来说明问题,易于读者理解和学习。

本书其他作者为山东能源集团鲁西矿业有限公司任文涛,山东新巨龙能源有限公司贾海宾、杨田田,山东敬泰工程科技有限公司韩帅、于磊、游武超、张诗画、李锦秀,山东科技大学尚文政、袁健博。

本书是作者团队在所从事的现场工作经验和一些研究课题基础上编著完成的,由于作者水平有限,书中疏漏谬误之处在所难免,敬请读者不吝指正。

目　录

第一章

绪论

第一节 爆破技术在工程中的应用背景

一、爆破技术的应用

近年来，爆破技术的应用已由采掘行业拓展到水利、交通、建筑、机械加工、材料合成和医疗等行业。这是由于爆破技术的成熟、爆破理论的深入研究、爆破器材的完善，人们基本上能够控制炸药能量的释放过程，从而可以精确可靠地实现预期的爆破目的和爆破效果，能够使爆破向着有控制的方向发展。爆破科技人员能够对复杂条件下的建筑物和构筑物进行成功的爆破拆除以及预裂爆破、光面爆破、定向爆破和爆炸成型等新的爆破技术的形成与广泛应用，表明了爆破技术以其独特的优越性不断拓宽其应用领域，表现出其强大的生命力。

1. 地下工程爆破

我国在矿山、交通和水利等地下工程掘进中，因采用了高性能的凿岩机具、新型爆破器材以及合理的爆破技术，在增加循环进尺、改善巷道成型的质量和提高技术经济效益方面取得了重大的成就。

如在煤炭和金属矿山为适应立井施工机械化的需要，成功地进行了深孔爆破。随后又在"六五"和"七五"期间组织了立井深孔爆破施工新工艺的研究和巷道中深孔爆破试验研究的科技攻关。经过这些攻关，在立井方面，提出了效果好的两阶槽眼同深的直眼掏槽形式和第一阶槽眼孔内二段起爆的直眼掏槽方法；周边眼采用了底部留缓冲层装药结构，从而改善了炮孔上部欠挖问题；进行了爆破参数的优化设计；采用了电磁雷管和导爆管——电雷管的新型起爆系统以及大功率发爆器等新产品，取得了显著的效果。在孔深4m的情况下，平均炮眼利用率在85%，最高达95%以上，井筒成型质量明显提高，各试验立井都创造了当地立井施工的最好成绩。我国承建摩洛哥杰拉达煤矿立井时，就是采用深孔爆破技术，取得7个月平均月成井81.3m的好成绩。在巷道掘进方面也取得了炮眼利用率在中硬岩达89%，软岩达95%，飞石距离控制在15m以内的可喜成绩。应该特别提到的是，微差爆破技术成功地在炮采工作面推广应用，这对当前炮采在我国仍占一定比重的情况下，对于提高产量、降低成本和改善安全生产等都具有重要的意义。

我国立井冻结含水基岩段成功地进行了全断面一次爆破，这冻结井基岩爆破施工的重要突破，目前已达18m，一次爆最高装药量为120kg。爆破后，冻结管和井壁均完好无损，它大大加快了施工进度，提高了工效。

2. 露天爆破

近年来，露天深孔爆破在孔网参数方面采用了小抵抗线爆破技术（同时，相应扩大孔距，因此亦称为大孔距爆破），从而改善了爆破质量、减少了炸药单耗和增加了炮孔延米的爆破量。此外，在装药结构方面，改良沿用已久的连续装药结构，试验成功和推广应用了炮孔底部留空气（或水）作为缓冲层的装药结构。实践证明，这种装药结构因降低爆轰初始压力从而延缓了峰压的急剧下降，提高了炸药的能量利用率，改善了破岩质量。在其启发下，曾在立井掘进爆破中，试用于周边炮眼，获得了较好的光爆效果。此外，我们还利用露天爆破的小抵抗线爆破技术改进立井辅助炮眼的爆破参数，亦取得了较好的效果。

3. 爆破拆除

城市内建筑物和构筑物的爆破拆除是第二次世界大战后欧洲国家为迅速重建被战火毁坏的建筑物而兴起的控制爆破技术。我国在 1970 年代因城市改扩建的需要，开始采用这项技术，已成功采用控制爆破技术拆除了大量工业与民用建筑物，桥梁、水塔、烟囱、基础以及框架类和罐体类的构筑物等。

爆破拆除的主要方式有炮眼法和水压爆破法两种。前者适用范围广泛，利用此种方法曾成功地拆除了北京华侨大厦旧楼，该楼 8 层，高 24m，总工程量 3000 余立方米。煤炭系统也曾多次利用此法成功地拆除了生产矿区的生活福利大楼、绞车房和井架等，基建煤矿的应用更为广泛，如井壁的切割、临时绞车基础及多类临时设备的基础等的拆除。

水压爆破法是将水注入被爆构筑物内，如油罐、碉堡等，借助悬吊于水中药包的爆炸作用，利用水作为传递爆炸压力的介质，达到破碎目的。显然，此法非常适用于能贮水的容器形的构筑物或不利于用炮眼法施爆的构筑物（此时需砌筑贮水池）。水压爆破的优点是不需打眼，药包数量少，爆破网络简单，产生的振动、冲击波、飞石和噪声等较低；缺点是爆后有水涌出，要求爆破材料具有良好的防水性能。我国已成功地利用水压爆破法拆除了两座 5000m³ 的超大型钢筋混凝土油罐，这在国外亦属少见。

4. 水下爆破技术

水下爆破方面，我国已成功地应用于航道疏浚爆破、水工建筑物基坑爆破、岩基爆破、礁石爆破、沉船爆破、桥墩爆破和破水爆破等。水下爆破方法有：药包悬挂水下爆破、由潜水员将药包安置在水下被爆物表面上（即水底岩面爆破）和水下岩层中爆破等，此外，还有水下钻孔爆破和硐室爆破。1987 年，葛洲坝电站围堰拆除爆破中，共钻有 39m 的深孔 3000 多个，总用药量约 37t，爆破十分成功。我国的水下爆破方法，在施工工艺和公害防护等方面，已创造和积累了许多宝贵的经验。

二、爆破技术在冲击地压矿井中的应用背景

我国自改革开放以来，采矿行业发生了翻天覆地的变化。采矿行业作为国家发展和社会经济进步的关键，受到社会各界人士的广泛关注。同时，科研领域也正在加快脚步研发新的技术应用于矿山开采事业中。

冲击地压作为岩石力学中的复杂疑难问题之一，是国内外许多岩石力学工作者的重要研究内容，特别是冲击地压发生的机制问题，更是过去几十年来国内外有关专家与学者共同关注的焦点。我国自1976年开始系统研究冲击地压以来，在冲击地压发生机制、冲击倾向性测定、冲击地压监测仪器与设备、冲击地压治理技术等多方面取得了一定的成果。尽管如此，就冲击地压的研究而言，冲击地压发生机制至今尚不完全清楚，冲击地压预测与防治的有效性有待进一步提高。并且，随着开采深度的进一步加深，我国冲击地压将更加严重。因此，如何针对煤炭在我国能源中的地位及煤矿开采发生冲击地压的实际情况，进一步开展理论与实践研究，促进煤矿的安全生产，具有重要的现实意义。

对于冲击地压的防治技术而言，国内外采用得较为普遍的方法主要是开采布置、保护层开采、煤层松动爆破、煤层预注水等。这些方法主要是通过改变煤层的储能条件和应力条件，从而达到降低冲击危险程度的目的。事实上，冲击地压的形成与整个煤岩体条件均具有密切关系，尤其是当顶板（或底板）岩层具有较好的储能条件时，极易发生冲击地压。在这种条件下，如果能够及时改变顶（底）板岩层的性质，使其不具备或降低存贮弹性性能的能力，冲击地压的危险性将大大降低。

开采具有冲击地压危险的矿井时，特别是煤层上方的坚硬厚层顶板是影响冲击地压发生的主要因素之一，其主要原因是坚硬厚层顶板结构容易积聚大量的弹性能。顶板厚度越大，导致的集中应力越高、动载越强，厚度5~30m的厚硬砂岩顶板极易诱发冲击地压显现。坚硬顶板所诱发的冲击地压造成的破坏范围一般较大，而且在现场引起的振动、声响等现象较为突出，而冲击破坏形式多表现为工作面支架破坏、采煤机等重型设备偏移、巷道顶板下沉，其冲击作用源以顶板破断引起的强动载及顶板运移引起的静载应力场重新分布为主，而其冲击破坏承载体主要为采场巷道、工作面支架等。深孔断顶爆破是冲击地压解危的有效方法之一，该方法具有降低顶板压力、煤壁前方支承压力且操作方便等优点，因此被广泛应用。

我国煤层赋存条件复杂，有的煤层属于厚硬顶板煤层，且分布在一半以上的矿区，随着机械化综采技术的大力推广，有近四成的综采工作面厚硬顶板存在潜在灾害问题。特别是遇到薄煤层时工作面顶板岩层厚度大、以高硬度岩性为主并且胶结

程度很高、整体性好，初次垮落步距较长。因此，为了控制厚硬顶板，保证煤矿安全生产，确保工人和设备的安全，国内外进行了大量的研究，取得了较好的研究成果，特别是一些学者开展了深孔松动控制爆破弱化厚硬砂岩顶板方面的一些工作。

在矿井巷道的掘进过程中，深孔爆破作为常见的技术手段之一已逐渐引发广大煤矿工作人员以及研究人员的关注。因此，如何采取有效的技术手段提高深孔爆破的生产效率，是目前实现矿井巷道安全高效掘进亟须解决的问题之一。对于已具有冲击危险的煤岩层，采用的控制方法有煤层卸压爆破、钻孔卸压、煤层切槽、底板定向切槽、顶板定向断裂等。这些方法在我国均有了一定的应用。

本书在冲击地压矿井地质条件下进行定向爆破断顶技术试验，对冲击地压矿井不同条件工作面顶板处理参数确定具有指导意义。

针对此类工程爆破环境较复杂、爆破技术要求高的特点，严格按照国家有关爆破安全规程、法规条例，确保爆破施工作业及井下采场安全。

第二节　定向爆破断顶技术国内外研究现状

近年来，随着我国工业生产力水平的不断提升，工业领域对于煤炭的需求量不断提升。而煤炭作为我国的主要能源消耗，其在我国一次能源消耗中仍然占据极其重要的地位。爆破技术是一门迅速发展而又经久不衰的实用型跨学科专业技术。近年来，国内外在爆破理论、爆破工艺、爆破技术方面都有了新的发展和提高，其应用领域不断扩大。

一、采场顶板结构破断失稳机理研究现状

在采场顶板结构稳定性研究方面，钱鸣高、黄庆享等在砌体梁结构研究的前提下重点分析了关键块的平衡关系，提出了砌体梁关键块的滑落与转动变形失稳条件即"S-R"稳定条件。建立了煤层采场老顶周期来压的"短砌体梁"和"台阶岩梁"结构模型，分析了顶板结构的稳定性，揭示了工作面来压明显和顶板台阶下沉的机理是顶板结构滑落失稳。

窦林名、贺虎等根据工作面上覆岩层边界状态的不同，将覆岩空间结构分为OX、F与T型三类。研究了OX-F-T的演化特征，阐述了不同结构的断裂运动规律，并将各结构进行详细分类。

蒋金泉、张培鹏等建立了高位硬厚岩层三边固支一边简支弹性薄板力学模型，利用瑞利－里兹法，推导出硬厚岩层挠曲函数与应力近似解析式，得到破断跨度的计算式，并根据覆岩破裂形态提出破断步距的计算方法。进一步研究了硬厚覆岩裂

隙发育特征、破断运动、矿压显现特征及断顶控制技术，为硬厚覆岩工作面灾害防治提供了依据。

刘长友等对多采空区破断顶板群结构的失稳规律及其对工作面来压的影响进行了研究探讨，通过对大同矿区永定庄煤矿15号煤层端头及中部位置矿压和支架阻力的实测分析发现工作面上方破断顶板群结构的失稳率与工作面支架阻力大小具有相关性，验证了工作面坚硬厚层破断顶板的失稳规律。

二、顶板源冲击地压研究现状

在煤矿顶板冲击地压动力灾害的机理研究方面，前人已开展了较多研究工作，并根据试验和理论分析提出了多种煤岩动力灾害机理的假说，如强度理论、刚度理论、能量理论、冲击倾向理论、三准则和变形系统失稳理论等。近几年来，突变理论、分形理论、流变理论在冲击地压的研究中也取得了一定的进展。这些假说对指导煤岩动力灾害的理论、试验研究和工程实践都发挥了重要作用。另外，在顶板源冲击地压机理方面国内外学者也进行了大量研究，取得了一定成果。

对于坚硬顶板诱发冲击地压灾害的机理、预警及防治，国内外学者进行了研究。研究表明，顶板岩层结构，特别是煤层上方坚硬厚层砂岩顶板是影响冲击地压发生的主要因素之一，其主要原因是坚硬厚层砂岩顶板容易聚积大量的弹性能。在坚硬顶板破断过程中或滑移过程中，大量的弹性能突然释放，形成强烈振动，诱发顶板源冲击地压。

窦林名等研究了坚硬顶板对冲击地压的影响，指出煤层上方坚硬厚层砂岩顶板是影响冲击地压发生的主要因素之一，坚硬顶板特别是关键层运动破断对冲击地压的发生有巨大影响，并提出了相应的监测与治理方案。

牟宗龙提出了顶板岩层诱发冲击的冲能原理，顶板岩层诱发冲击的机理分为顶板处于稳定时的"稳态诱冲机理"和处于运动时的"动态诱冲机理"两种类型。稳态顶板岩层和动态顶板岩层在煤体破坏时都以动态的形式突然释放能量并参与到煤体破坏地冲能当中，满足冲能判别准则时煤体发生冲击式破坏。研究分析了顶板岩层影响下煤体冲击破坏的应力能量叠加原理，并基于岩体介质中能量传播衰减规律和顶板岩层影响冲击危险性的不同程度，得到"诱冲关键层"判别准则。根据顶板岩层对煤体冲击危险的影响机理研究结果，给出了顶板型冲击危险的控制技术措施。进一步研究发现煤层上覆100m范围内的坚硬顶板岩层对冲击地压的发生有重要影响，坚硬顶板的破断将产生矿震。

唐巨鹏研究了华丰煤矿巨厚砾岩条件下的冲击地压发生机理，指出巨厚砾岩的运动对冲击地压起重要影响作用，地表下沉速度及周期性与冲击地压的发生具有明显的对应关系，提出了地表下沉速度预测冲击地压的新指标。

徐学峰基于微震监测技术研究了覆岩结构对冲击地压的影响，指出上覆岩层可划分不同级别的关键层结构，有主亚之分。大尺度覆岩结构在破断过程中释放能量，是诱发冲击地压的重要因素。坚硬顶板以弹性能形式储存能量，并通过微震（高能量）释放其变形所储存的弹性，当能量无法缓慢释放时就会诱发冲击。

吕进国、姜耀东等分析了冲击地压发生前的微震能量与频次及微震活动的时空规律，研究了采动影响下断层带附近应力场的分布特征，从地质构造、微震活动、应力场三个方面讨论了该工作面冲击地压发生的原因及机制。

王金安等以坚硬顶板下的房柱式和条带式采矿工程为背景，建立了表征采空区内矿柱支撑顶板的弹性基础板力学模型，研究顶板不同阶段的破断模式与突变失稳的力学过程。研究表明：当煤柱的有效承载面积逐渐减小到临界值时，非线性控制参数即可穿越分岔点集，顶板位移突跳产生极限点失稳，煤柱—顶板系统出现突然塌陷失稳。

谭云亮、胡善超在分析坚硬岩层破断结构形成力学机理的基础上，讨论了顶板破断形式的主要影响因素、不同顶板的初次破断形式及其转化规律，给出了顶板见方来压的实现条件。

曹胜根等运用突变理论分析了煤柱失稳机理，推导出区段煤柱发生突变失稳的必要条件为煤柱屈服区宽度大于煤柱总宽度的86%，并直观地模拟了煤柱与采场变形破坏的动态演化过程。

齐庆新等研究发现冲击地压发生的煤岩层具有一个明显的结构特点：顶底板相对煤层坚硬，并且煤层与顶板间存在着薄软弱层。还认为煤岩层的层状结构及煤岩层间薄软层结构的存在，是导致冲击地压的主要结构因素，"三硬"结构，即硬顶—硬底—硬煤结构，是煤岩体内贮存大量弹性变形的前提条件。

曹安业在分析采场坚硬顶板断裂过程的基础上，建立了坚硬顶板断裂振动的等效点源模型，并根据该模型用振动波理论分析坚硬顶板断裂的振动位移方程，揭示了坚硬顶板断裂的震源机制，并通过三河尖矿微震监测的坚硬顶板断裂信号验证分析结果的正确性。

现有研究成果对坚硬顶板诱发冲击地压的基础性研究起到了积极推动作用，从不同角度分析了顶板冲击发生的原因，但由于现场条件的多变性及煤岩体的非线性特点，对坚硬顶板条件下冲击地压的作用机制方面，目前更多的是围绕原有矿压理论的深入理论解释，而对于不同地质和开采条件下坚硬顶板诱发冲击地压机理的研究则相对不够全面，无法达到全面解释灾害机理和指导顶板冲击灾害的监测预警和防治工作。

三、顶板爆破处理方法研究现状

冲击地压作为一种结构失稳的动力表现，其发生不仅与煤层自身的力学性质有关，更与其所赋存的煤岩结构体稳定性有着密切关系，尤其是煤层上方的致密坚硬顶板，对冲击地压的发生影响显著。由于坚硬顶板具有强度高、节理裂隙发育差、整体性强等特点，工作面回采后会在采空区形成大面积悬顶，一旦垮落极易产生风暴和强冲击载荷，造成人员伤亡和设备损坏。

为有效控制采空区坚硬难垮落顶板，必须改变顶板的物理力学性质，减小悬露面积，防止大面积顶板来压，爆破弱化手段可以增大坚硬顶板裂隙范围，破坏岩体的整体性，从而使顶板容易垮落。为了控制厚硬顶板，保证煤矿安全生产，确保工人和设备的安全，国内外学者进行了大量的研究，取得了较好的研究成果，特别是一些学者开展了深孔松动控制爆破弱化厚硬砂岩顶板方面的一些工作。

赵善坤等通过对超前深孔顶板爆破过程及影响因素的分析，揭示了其防治冲击地压的机制，并从应力场、能量场两个不同的角度对其现场防冲效果进行检验。研究表明，在炮孔深度一定的前提下，三孔扇形布置的超前深孔顶板爆破可有效降低工作面超前高应力区的峰值并使其向煤体深部转移，使煤岩整体结构处于相对稳定的低势能状态，其爆破防冲效果随炮孔夹角的增大而增强，形成的剪应力降低区随装药段长度的增加而增大。

邵晓宁建立了顶板来压步距的岩板计算模型，分析了开采过程中的顶板垮落过程，得到了厚硬砂岩顶板破断规律以及破断过程中围岩的应力、位移分布特征。在炮孔不耦合装药孔壁压力计算的基础上，从柱状装药结构爆破破岩机理和爆破断裂成缝机理两个方面，分析柱状装药爆炸后岩体内应力的传播、裂纹扩展规律。

高魁等阐述了深孔爆破强制放顶的卸压机制，并在潘一矿东区1252（1）工作面进行超前深孔爆破强制放顶的现场应用，对类似条件下沿空留巷强制放顶具有很好的借鉴意义。

唐海、梁开水、游钦峰通过对预裂爆破成缝理论及岩石断裂模型的探讨，并结合断裂力学和损伤力学的有关理论，从岩石爆生裂缝的成缝机理上分析了裂缝的起裂方位、起裂条件、裂缝扩展与止裂。同时，从炸药性质、装药结构、炮孔间距、岩石物理力学性质、地质条件、孔径和岩体初始应力等方面探讨了其对岩石预裂爆破成缝的影响。

王方田以石屹台煤矿为例，为防止工作面顶板大面积来压，在对工作面顶板进行分析后，提出了切眼深孔预裂爆破强制放顶的技术，取得了较好的效果。

张自政、柏建彪等阐述了浅孔爆破的分区特征及各自的计算式，建立了坚硬顶板沿空留巷切顶力学模型，给出了在爆破切落直接顶的条件下巷旁充填体切落基本顶的切顶阻力计算式，分析了浅孔爆破的有效应力演化和传播规律，并结合理论计算确定了浅孔爆破的相关参数。

大量研究表明，坚硬顶板因上覆岩层自重应力及采动应力作用而发生变形并积聚能量，能量参与到煤层破坏失稳过程中，使破碎的煤层具有更多的动能，进而致使煤层冲击危险加大。

四、聚能爆破方法研究现状

炸药的聚能效应自 18 世纪被发现以来，国内外学者对该技术进行了深入研究，该技术在各行业得到了广泛应用，尤其是在军事领域，聚能效应最初是应用于反坦克武器而开始应用于军事方面的。随着理论研究的深入和坦克技术的发展，聚能战斗部的结构也在不断地发展。在其他领域如高空火箭分离、水下切割（船体）、钢熔炉的出液清堵、结构物的精确爆破等方面均得到了应用。聚能效应又称为空心效应或诺尔曼效应，是利用装药一端特殊的孔穴提高特定方向的破坏作用。普通的球状或柱状装药爆炸后，爆炸产物沿着装药表面向四周扩散，如在装药一端切一聚能穴，爆炸产物将向穴的轴线方向积聚。聚能效应自发现以来受到了广大学者及工程技术人员的重视，并在相关行业进行了应用，取得了一定的成果。

在兵工、工程施工等领域，王振雄、顾文彬等，从地震波的形成过程与机理出发，研究了作用在大块孤石和岩壁两种目标上所形成的地震波传播规律。得到了爆破作用目标不同，用于产生地震波的爆炸能也不同，作用目标为岩壁时，产生的地震波能量比作用目标为大块孤石时多；振动持续时间与爆心距的关系式也不同；从频率的角度分析，爆破岩壁比爆破大块孤石所产生的地震波对建（构）筑物的危害更大。

王成等系统开展了不同药型罩材料、不同锥角、不同壁厚的聚能装药在不同炸高下的侵彻混凝土试验，研究了罩材料、锥角、壁厚、炸高等结构参数对漏斗坑直径、侵彻孔洞直径、漏斗坑深度以及侵彻深度等参数的影响规律，深入探讨了聚能装药作用下混凝土漏斗坑的形成机理。

段建等设计了两种药型罩结构的聚能装药侵彻混凝土靶试验，以及以多孔铝为隔爆体的隔爆防护试验。试验结果表明，设计的前级装药在混凝土靶上侵彻出了深度为 8.2 倍、孔径为 0.4 ~ 0.6 倍装药口径的孔洞；所采用的多孔铝隔爆结构有效地防护了二级弹体的破坏。

王成等提出了能够形成环形射流的 W 型聚能装药，运用带有网格线示踪点法（MOCL）分界面跟踪算法的二维多流体欧拉程序，对环形射流的形成进行了数值仿真，比较了数值仿真结果与试验结果，得出该聚能装药可以满足工程设计的要求。

曹丽娜、韩秀清等对石油射孔弹圆锥形聚能装药爆破形成射流的过程进行了数值模拟，分析了圆锥形聚能装药的射流速度的分布特性。

在岩石工程领域，郭德勇等针对坚硬难垮落顶板控制问题，以通化矿业（集团）有限责任公司松树镇煤矿为例，根据聚能流侵彻、应力波拉伸和爆生气体气楔作用定向切割使顶板弱化的原理，在分析聚能爆破裂隙起裂扩展条件的基础上，设计了深孔聚能爆破顶板弱化方案，并结合现场条件对爆破孔参数进行优化。试验结果表明，聚能爆破弱化了坚硬顶板，缩小了回采工作面初次来压步距，使顶板冒落面积减少近 30%，为解决采空区顶板大面积悬顶提供了技术途径。

陈寿峰、薛士文、高伟伟等对不同炸高、不同材质聚能罩的聚能药包开展试验，对比分析了集中药包、无罩聚能装药和有罩聚能装药的破岩效果，并采用 AN-SYS/LS-DYNA 程序对聚能爆破进行数值模拟，得出了聚能爆破各主要参数对破岩效果影响的基本规律。

黄庆显、王金梁、娄俊豪等结合平煤股份四矿硬岩巷道地质条件，采用理论分析和 LS-DYNA 数值模拟软件，分析了聚能装置锥角对聚能射流效果的影响，并对聚能爆破的破岩效果进行了模拟分析。分析结果表明，锥角为 50° 的聚能罩形成的射流稳定，聚能效果好，比常规爆破破岩能力可提高 50% 以上，同时抑制了非聚能方向裂纹的扩展，破碎圈范围减小 30% 以上。

刘健、刘泽功、高魁等开展了定向聚能爆破试验，分析了聚能方向和非聚能方向的裂缝特征、应力演化规律。发现定向聚能爆破的爆炸能量主要集中在聚能方向，能够在聚能方向侵彻煤体形成较大的裂缝，产生的裂缝长度远大于非聚能方向；定向爆破的聚能效应导致试样的应力状态在聚能方向发生显著变化，聚能方向的力学变化大于非聚能方向。

杨仁树、付晓强等通过在周边眼使用切缝药包，在周边眼单孔药量不变的前提下，将眼数由 52 减为 35 个，眼距由 600mm 增大至 800mm 实施聚能控制爆破。发现切缝药包聚能控制爆破可显著提高立井爆破炮孔利用率和眼痕率，半眼痕率增加了 52%，周边不平整度在 ±5cm，周边眼切缝药包降低了爆破对围岩的扰动损伤，改善了光面爆破效果，有利于提高立井掘进速度。

李清、梁媛、任可可等应用透射动焦散线对爆炸裂纹定向断裂超动态破坏力学特征进行了试验。试验结果表明，爆炸主裂纹断口特征为典型的拉伸断裂，爆炸裂纹尖端的动态应力强度因子、裂纹扩展速度、扩展长度的变化趋势几乎相同，聚能药卷具有明显的爆轰波卸载效应和聚能方向爆生气体射流效应，同时抑制了非聚能方向压缩径向裂纹的发展。

聚能爆破技术被广泛地应用于军事和民用工业中，为国民经济的发展作出了很大贡献。然而爆轰是个相当复杂的过程，对聚能药包爆炸时岩体中爆生裂缝形成的物理过程和力学条件还缺乏必要的研究。但受试验原材料限制，多数研究都集中在数值模拟方法研究中，理论和试验研究的落后阻碍了该技术在实际工程中的应用，这反过来又影响到了聚能药包爆炸的理论研究。若能将现场试验和理论分析结合起来，将有利于我们进行深入的研究，并为解决聚能药包应用中存在的问题提供理论依据和途径。

第三节 爆破采矿技术的实际应用及新技术介绍

一、深孔、浅孔爆破法

深孔、浅孔爆破法是我国在对铝铁矿、金铜矿等金属矿物进行开采时采用的传统爆破方法。浅孔爆破通常指爆破孔直径较小的爆破作业技术，其爆破孔一般为30~75mm，爆破的孔深度一般也在5m以下，特殊情况下可达8m左右，如用凿岩台车钻孔，孔深还可适当增加。由于浅孔爆破技术具有机动性好、使用灵活、准备工作相对来讲比较简单且技术易于掌控等特点，在埋藏条件复杂、采下矿石品位要求较高、降低贫化率的需求较大的矿床广泛使用。主要应用在生产规模不大的露天矿或采石场、硐室、隧道掘凿、二次爆碎、新建露天矿山边坡处理、露天单壁沟运输通路的形成及其他一些特殊爆破环境。但由于在爆炸物装填、连接引线、起爆等几个重要环节中容易出现漏洞，存在较大安全隐患，容易造成爆炸事故等原因，注定浅孔爆破技术无法适应大规模生产的需求。与浅孔爆破技术相对应，深孔爆破就是用钻孔设备钻凿较深的钻孔，作为矿用炸药的装药空间的爆破方法。露天矿的深孔爆破以台阶的生产爆破为主。深孔爆破，是露天矿应用广泛的一种爆破方法。爆破孔的深度一般为15~20m。其爆破孔径通常在75~310mm之间，常用的孔径为200~250mm。深孔爆破具有一次爆破的岩石数量大、可以灵活地同其他爆破技术手段相结合的特点。深孔爆破根据爆破现场的需要，可以分为垂直深孔和倾斜深孔两种，其中，垂直深孔多为冲击式穿孔机所穿凿，倾斜深孔多为牙轮钻机或潜孔钻机所穿凿，其倾斜度一般为了75°~80°。由于和浅孔爆破相比，深孔爆破一次性爆破当量在80~100t，同时具有较高的安全性，因此，深孔爆破技术被广泛用于大型矿山的开沟、剥离、采矿等生产环节。其爆破量约占大型矿山总爆破量的九成以上。

二、多排孔微差挤压爆破法

近年来，由于各类矿产需求的逐步增加，挖掘机斗容量和露天矿生产能力也急剧增加，要求露天矿的正常采掘爆破每次的爆破量也越来越多。因此，必须采用一次爆破量较大的爆破方法，才能适应新型挖掘机械的需要。目前，我国一次爆破量较大的爆破方法是多排孔微差爆破和多排孔微差挤压爆破，这两种方法都能一次爆破 5~10 排炮孔，爆破矿岩量可达 30 万~50 万 t。在极短时间内按照预先设定的爆破次序，依次引爆各个爆破孔内的炸药来完成爆破作业。因此，多排孔微差挤压爆破法具有爆破量巨大、爆破作业时间较短、效率较高、碎岩块体积小等特点，广泛应用于露天矿的开采。

三、等离子采矿技术

等离子采矿技术又称等离子破岩掘进采矿技术，属于近年来随着等离子技术逐渐成熟并应用到矿产开采行业的新兴爆破技术，此项技术主要通过电能的作用，将爆破孔内的电解液转变成高压、高温等离子气体，然后等离子气体会快速膨胀从而形成冲击波，产生类似于炸药的爆破效果。通过等离子气体爆破产生的压力可超过 2GPa，这样高的压力完全可以使花岗岩、玄武岩地质结构的矿岩破碎。由于该项技术不需要使用有毒且不稳定的硫化物及硝基炸药，所以通过等离子技术实施爆破作业可以极大地改善作业环境，减少传统爆破对围岩和环境的冲击和破坏。更由于其具有使用相对安全和操作快捷便利等特点，而受到广大矿产开采从业者的欢迎。其具体操作流程和传统炸药操作基本类似，首先通过勘探和测绘确定爆破孔位置及爆破孔的深度，并通过钻孔设备进行钻孔作业。接下来将电解液代替传统炸药逐步注入爆破孔内，并插入电极。最后，接通电源，在电流作用下，注入爆破孔内的电解液逐渐转化为等离子气体，并具有高温高压的特点，当产生的等离子温度和压强超过矿体所能承受的极限时，爆破工作随即完成。

四、爆破技术在冲击地压治理中的应用

冲击地压作为一种结构失稳的动力表现，其发生不仅与煤层自身的力学性质有关，更与其所赋存的煤岩结构体稳定性有着密切关系，尤其是煤层上方的致密坚硬顶板，对冲击地压的发生影响显著。由于坚硬顶板具有强度高、节理裂隙发育差、整体性强等特点，工作面回采后会在采空区形成大面积悬顶，一旦垮落极易产生风暴和强冲击载荷，造成人员伤亡和设备损坏。为有效控制采空区坚硬难垮落顶板，必须改变顶板的物理力学性质，减小悬露面积，防止大面积顶板来压，爆破弱化手段可以增大坚硬顶板裂隙范围，破坏岩体的整体性，从而使顶板容易垮落。若能不断提高深孔爆破装药工艺和施工工艺，将能达到减小甚至避免粉碎圈的形成并能有效控制裂纹扩展，形成理想的断裂面的目的。

深孔断顶爆破技术是将控制爆破技术引入到冲击地压防治领域中。上覆岩层粉碎区以及裂隙区形成以后，在工作面前方上覆岩层应力得到释放，使集中应力一部分趋于均布，一部分向纵深处的非破碎带转移，降低了爆破段岩层轴向的应力梯度；在径向上，处于高应力状态的岩体，将向破碎区方向产生一定的"流变"，岩层内的弹性潜能有充足的释放空间，降低了径向应力梯度。因此，深孔断顶爆破能够有效地降低顶板岩层的能量积聚，促使应力得到释放，从而降低冲击地压发生的危险性。

第四节　爆破过程中的常见问题及处理措施

一般工程爆破中使用的常规爆破方法和定向断裂控制爆破，如光面爆破、预裂爆破、切槽爆破等，也都会给需要保留的煤岩体带来不同程度的损坏，往往达不到爆破的技术要求和安全要求。由于煤矿工作面环境的特殊性，对坚硬顶板深孔爆破参数有特别严格的要求，有很多技术问题需要解决。

一、爆破过程中的常见问题

虽然深孔爆破技术目前在矿井的使用过程中较为常见，但是在实际生产过程中仍然会存在诸多的问题。综合分析已有矿井的实际生产经验，导致深孔爆破出现失败的原因主要体现在以下几个方面：首先，在进行深孔爆破时，爆破过程中所连接的电路很容易出现电阻超标的现象，从而导致线路短路，进而影响后期整体的爆破效果。其次，爆破装置是决定整个巷道掘进爆破的关键设备之一，而装置出现故障则会导致后续相关工作无法有效开展。最后，在进行巷道爆破时，常用的引爆装置一般为雷管，因此，雷管的接线方式也是决定整个爆破工作能否顺利进行的关键因素之一。

现对以上问题进行汇总如下：

（1）采用何种参数能够确保厚硬顶板弱化，改善厚硬顶板的冒落性？

（2）采用何种参数可将难冒顶板转化为可冒顶板？

（3）如何在最小炸药用量基础上增大厚硬顶板弱化效果？

（4）不同工作面条件下爆破参数应如何确定？

（5）具体顶板深孔爆破工程如何实施？

二、爆破过程中常见问题的处理措施

针对上述深孔爆破技术中存在的主要问题，其对应的处理措施主要体现在以下几个方面：

（1）当爆破装置出现故障时，应当根据故障原因及时更换及检修设备，同时安装新设备后，应当在一定时间范围内监测设备的稳定运行情况，符合相对应的生产要求后才可以进行后续的爆破作业。

（2）开始爆破前，为保证线路连接的合理性应当多次检查，避免由于工人操作失误而导致后续相关爆破工作的失败。

（3）爆破技术是否适合目标矿井的实际地质情况也应当进行综合考虑，结合工人的工作能力以及相关工作安排合理调整，从而避免由于爆破而影响到其他相关工作的进行。

第二章

定向爆破断顶技术理论基础

第一节　定向爆破技术原理

一、定向断裂控制爆破基本原理及分类

定向断裂控制爆破是指利用普通工业炸药或烈性炸药，通过合理确定炮孔孔网参数、装药结构、炮孔形状及起爆方法，来控制爆破过程中爆炸产物的作用方向、地震效应及爆后飞石距离、破坏范围、破坏程度和岩石运动方向的爆破技术。其特点是裂纹沿排孔孔间连心线方向或沿预定方向起裂、延伸和贯通，故称为"定向断裂控制爆破"。它以保持爆破后的保留岩体无宏观裂纹产生、眼痕率高、生产效率高、成本低而广泛应用于露天采矿、铁路、公路和水电工程边坡爆破，井巷掘进周边眼爆破及有关拆除爆破等领域。国内外早在20世纪60年代就开始研究岩体断裂控制爆破技术，但至今并没有广泛推广应用。岩体定向断裂控制爆破的关键问题是如何在炮孔预定的周边形成一定长度和宽度的初始定向裂纹和简便的操作工艺。

岩石定向断裂爆破是在传统的光面爆破法的基础上发展起来的。传统的光面爆破采用不耦合装药或空气柱间隔装药，降低炸药爆炸对炮孔壁的作用，避免在孔壁岩石中形成压碎区；多个炮孔无间隔同时起爆后在炮孔连心面方向形成叠加应力场，从而使炮孔间产生贯穿裂隙，实现爆后岩石的光面。但是这种方法不能避免在孔壁上产生随机的径向裂纹，因而使围岩造成损伤，而且在裂隙发育岩层条件下往往不能获得良好的光爆效果。

岩石定向断裂爆破采用改变装药结构、炮孔形状或在炮孔内增加附件等方法来调整炮孔周围岩石的受力情况，从而在炮孔连线的预定方向上降低岩石的抗破坏能力，或者增强装药爆炸的作用力，从而使裂纹在预定方向上优先起裂、扩展和贯通，得到光滑的爆破面，提高光面爆破效果。

在井巷爆破中采用定向断裂爆破技术可以有效地减少超挖，提高爆后炮孔眼痕率；同时也减少了孔壁周围岩石上随机裂纹的产生，改善爆破质量，提高岩巷的稳定性。特别是在裂隙发育岩层中使用这一技术，光爆效果会明显提高，产生良好的经济效益和社会效益。

在岩石爆破中实现定向断裂爆破的方法有多种，具有代表性的三种如图2-1所示：

（1）机械方法形成定向裂纹（改变炮孔形状）；

（2）炸药聚能流破坏孔壁岩石形成定向裂纹（改变装药结构）；

（3）炸药爆炸对孔壁局部加压形成定向裂纹（孔内增加附件）。

在这三种定向断裂爆破方法中第一种方法（图2-1a）所需的爆炸能量最小且定向准确度高，但孔壁两边的切槽需要专用钻具开凿，钻孔效率较低；第二种方法（图2-1b）需要加工特殊结构的装药或使用金属聚能罩，常用的工业炸药由于密度低会使聚能效果不理想；第三种方法（图2-1c）的附件采用工程塑料管，其工艺简单、成本较低，因而应用较多。其他方法由于工艺复杂或生产成本高而较少采用。

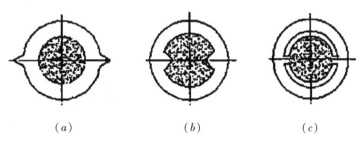

（a）　　　　　　　　　　（b）　　　　　　　　　　（c）

图2-1　岩石定向断裂爆破方法

（a）孔壁切槽爆破法；（b）聚能药卷爆破法；（c）切缝药卷爆破法

二、定向断裂爆破技术的研究与发展

近年来，许多科研工作者围绕切缝药包定向爆破和切槽定向爆破的基础理论开展了研究。其中，杨仁树等通过高速纹影试验和超压测试技术分析了切缝药包爆破后爆炸波动流场的变化规律，指出爆生气体优先沿切缝方向释放，切缝方向的应力峰值远大于非切缝方向的，有利于沿切缝方向优先形成裂纹。

程兵等基于光滑粒子流体动力学方法-有限单元方法（SPH-FEM）耦合方法研究了切缝药包的爆破机理，具体分析了切缝药包爆破的爆轰产物膨胀过程、爆轰产物粒子运动速度及炮孔周围岩体的损伤演化历程。

Yue等采用动态焦散线试验方法研究了切缝药包爆破的裂纹扩展行为，发现了相邻炮孔间裂纹相互勾连的分布特征。

此外，进一步的研究结果指出切缝药包爆破的定向断裂效果主要受到切缝宽度和不耦合系数的影响。天然岩体中不可避免地存在节理等缺陷，而节理对爆炸应力波的传播和爆生裂纹的扩展都有着显著的影响。

赵安平等认为在节理岩体中爆破时，炸药爆炸能量主要被限制在炮孔和附件的节理面之间，从而导致炮孔附近区域过于破碎，不利于爆破能量的有效利用。

谢冰等指出炮孔间的节理对预裂爆破成缝效果有显著的影响，预裂缝沿炮孔连线方向的平直程度随节理与炮孔连线夹角的增大而逐渐趋于平直。

为解决光面、预裂爆破技术的弊端，定向断裂控制爆破技术便被科研工作者提出并应用于实际工程领域。杜文贵等对切槽爆破机理进行了深入分析，认为爆炸应力波和爆生气体的不同时效作用特性是影响 V 形切槽定向断裂效果的主要因素。首先，在爆炸应力波的强冲击作用下，切槽根部区域形成一个抑制区，有利于沿切槽方向裂纹的扩展，而抑制了其他方向裂纹的形成。随后，在爆生气体的准静态作用下，切槽尖端应力集中程度加强，压应力和低拉应力集中区在炮孔孔壁和切槽根部区域形成，如图 2-2（a）的阴影区域所示，抑制了新裂纹的形成和扩展。因此，由于爆炸应力波和爆生气体的这种时效作用特性，使得爆炸裂纹优先在切槽端部产生，并获得持续扩展的驱动力，而其他方向的裂纹从起裂到扩展的全过程都受到了抑制，进而实现了爆生裂纹的定向扩展和岩体的定向断裂。切缝药包爆破的成缝效应主要受到爆炸应力波和爆生气体作用的影响。炸药起爆后，切槽尖端在冲击波作用下形成初始损伤和微裂纹，随后的爆生气体"楔入"微裂纹，发挥准静态作用并驱动裂纹持续扩展。由于应力波传播速度远大于裂纹扩展速度，因此爆生气体后续作用过程中，裂纹受到爆生气体压力 P 和应力波导致的残余应力 σ（应力状态为径向受压，切向受拉）作用，其力学模型如图 2-2（b）所示。

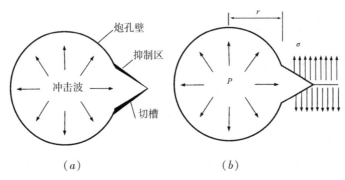

图 2-2　炮孔的力学模型图

（a）冲击波动作用；（b）爆生气体准静态作用

切缝药包爆破技术（图 2-3）作为定向断裂控制爆破的重要方法之一，它的主要优点是不增添凿岩设备，工艺技术简单、施工方便、易于操作，在同等条件下与传统的光面爆破相比较增大了孔间距离，节约了爆破器材与凿岩成本，提高了（半）孔痕率，有效地增加了围岩的稳定性，减少了超欠挖工程量，爆破效果良好，作为定向断裂控制爆破的一种方法，发展应用最为广泛。

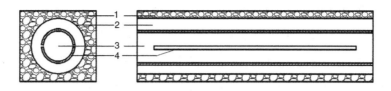

图2-3 切缝药包剖面及炮孔布置图

1—岩石；2—炮孔；3—炸药；4—切缝管

三、定向断裂控制爆破技术的优点与应用

定向断裂控制爆破技术能够有效控制爆炸能量的释放，实现爆生裂纹的定向扩展，从而减少周边岩体的超、欠挖，保障岩石井巷的周边成型质量。随着岩石井巷爆破工程量的增加，定向爆破技术正发挥着越来越重要的作用。

进一步的研究结果表明，在相同条件下，采用定向断裂爆破，炮孔周围应力场不同于光爆孔，装药能量将发生转化，沿定向方向将产生能量的集中，而相应地会减少炮孔其他方向的爆炸作用。随着我国对煤炭资源需求量的增加，煤矿开采效率也在不断提高，深孔爆破技术应用也越来越广泛，它具有良好的能量集中和定向爆破作用。为什么它能产生能量集中呢？初步认为，由于对准切缝处的孔壁，在爆炸后空腔内尚未形成均布压强，而是由于冲击波的动作用，使孔壁产生微小的径向裂缝，能流密度集中于较小范围，与此同时，由于爆生气体的准静态作用，使因动作用下已形成的径向切缝继续扩展。

在实际爆破作业中，炸药在煤岩层钻孔中爆炸后，爆源附近的煤岩体因受高温高压的作用而压实，强大的压力作用使爆破孔周围形成压应力场。压应力作用的结果，必然引起压缩变形，使压应力场内的煤岩体产生径向位移，在切向上将受到拉应力作用，产生拉伸变形。由于煤岩的抗拉能力远低于抗压能力，故当拉应变超过破坏应变值时，就会在径向上产生裂隙。在不同方向上，由于质点位移不同，各个方向的阻力也不同。因此，必然产生剪切应力。如果剪切应力超过该处煤岩体的抗剪强度，煤岩体则产生剪切破坏，产生径向剪切裂隙。通过爆破必将使煤岩体的结构改变，煤岩体的应力重新分布，煤岩体的承载能力降低，使煤岩体中的弹性势能得到释放和转移，从而形成一定的卸载区域，减弱或消除煤岩体的冲击危险性。

断顶爆破在坚硬顶板条件下的冲击地压灾害防治中应用广泛。基于动静载叠加原理，理论分析了断顶爆破防治冲击地压的作用机制，在对冲击危险进行预评估和冲击危险动态演化特点进行分析的基础上，揭示了冲击危险具有分时、分区和分级的"三分"特征。该爆破技术具有应用成本低、威力大、爆破效果好的特点，因此在煤矿开采作业中得到了广泛应用。

在以往学者进行研究的基础之上，本书提出了一种深孔定向爆破技术，并将该技术应用于现场，取得了良好的效果。该技术具有很大优势，可以灵活地利用深孔爆破来控制顶板中预裂缝的位置，实现任意复杂条件下可控顶板塌陷的需要，不仅对顶煤的采收率有很大程度的正向影响，而且可以有效地缓冲顶板压力的强度。将该方案投入实际作业中进行试验发现，该深孔爆破技术方案可以有效地解决顶板坚硬不能自行垮落的现象，保证矿井的安全生产。

第二节　深孔定向爆破断顶技术作用机制

定向的泛指意义是确定事物运作过程的方向与目的一致性。爆破作用开始于终结的目的和结果与定向的意义、目的和内容均为一致。

20 世纪 50 年代前后兴起的定向爆破技术是使爆破后土石方碎块按预定的方向飞散、抛掷和堆积，通常称为定向抛掷爆破。或者使被爆破的建筑物和构筑物按设计在一个方向倒塌和堆积，都属于定向爆破范畴。土石方的定向抛掷爆破原理即最小抵抗线原理。通过建筑物的定向倒塌偏心失稳来形成铰链的力学原理，布置药包和考虑起爆时差的受力状态达到定向倾倒的目的。

造成冲击地压的主要原因之一是由于顶板坚固难冒，煤层也很坚硬，形成顶板—底板—煤体三者组合的高刚度承载体系。具有聚集大量弹性能的条件，一旦承载系统中岩体载荷超过其强度，就发生剧烈破坏和冒落，瞬时释放出大量的弹性能，造成冲击、振动和暴风。岩石越坚硬，刚度越大，塑性越小，相对脆性就高，破坏时间短促，发生冲击地压的危险性就大。

针对这一现象，可以采用定向爆破技术预先对巷道顶板进行定向预裂爆破，形成预裂爆破切缝，切断巷道上部老顶与采空区侧老顶之间的联系，阻断巷道顶板与采空区顶板之间的应力传递，利用围岩压力与岩石碎胀性，使采空区侧顶板可以自然垮塌、冒落，随着采空区侧顶板垮塌、冒落，在挡矸结构处形成一面矸石墙帮。采空区侧矸石的垮落、压实经历碎矸石垮落、矸石巷帮形成、矸石帮压实稳定三个过程。从而削弱采空区与待采区之间的顶板连续性，减小顶板来压时的强度和冲击性。此外，爆破可以改变顶板的力学特性，释放顶板所集聚的能量，从而达到防止冲击地压发生的目的。

深孔断顶爆破技术是将控制爆破技术引入到冲击地压防治领域中。岩石的破碎起始于炮孔中装药的起爆，爆生气体瞬间冲击孔壁，最靠近炮孔周围的爆炸脉冲的压力大大超过岩石的强度，使岩石的弹性强度变得微不足道，而表现出有如流体的性质。由于衰减的速度很大，这一区域的压力脉冲的能量消耗于粉碎这一带的岩石，这一区域称为粉碎区。

当粉碎区形成以后，冲击波衰减成为应力波，并向炮孔周围传播，迫使岩体质点产生一种随应力波传播方向运动的趋势或位移，从而伴生出切向的拉伸应力。切向拉伸应力具有环箍应力的性质，由于岩石的抗拉强度远小于抗压强度，当切向拉伸应力大于岩石的抗拉强度时，则煤体即被拉断形成与粉碎区连通的裂隙区。与此同时爆生气体作用于岩石，并以很高的速度冲入裂隙，产生二次损伤断裂过程，使裂纹发生扩展和延伸。二者共同作用形成裂隙区的特征为产生比较密集的微小的裂缝。大多数脆性岩石裂缝的尖端是应力集中最明显之处，并且在尖端具有有限的塑性区，因此易于造成断裂破坏。裂隙区为爆破全过程最主要的功能区。

在裂隙区外部区域，瞬间应力波转变为声波级或低于岩石的抗压强度级的应变波，它沿径向向外进入未受到破坏的岩石中，若无自由面（包括层面与节理）存在，应变波就不再发生破碎岩石的过程。否则径向压应力反射而为拉伸应力，从而可能在自由面上发生片状剥落破坏。这种破坏作用根据应变波的强弱可以重复若干次，直至衰减至低于岩石的抗拉强度时为止。此外，若自由面相当接近于爆炸中心，将使环箍应力集中并引起径向破裂，向自由面进一步扩展。这一区域为弹性振动区。上覆岩层粉碎区以及裂隙区形成以后，在工作面前方上覆岩层应力得到释放，使集中应力一部分趋于均布，一部分向纵深处的非破碎带转移，降低了爆破段岩层轴向的应力梯度；在径向上，处于高应力状态的岩体，将向破碎区方向产生一定的"流变"，岩层内的弹性潜能有充足的释放空间，降低了径向上的地应力梯度。因此，深孔断顶爆破能够有效地降低顶板岩层的能量积聚，促使应力得到释放，从而降低了冲击地压发生的危险性。

爆破技术的多方控制探索和研究是爆破工作者多年来努力的方向，虽然工程爆破中的拆除爆破、抛掷爆破、松动爆破等都已成功实现，但爆破时间、爆破能量、爆破顺序、爆破环境、爆破有害效应、爆破效果等安全与效果的双面控制并未完全、有效地解决。

第三节　顶板岩层破断规律分析

以综采放顶煤、大采高开采、无煤柱护巷技术为代表的一系列先进采煤科技的发展，使长壁工作面开采尺度与推进速度急剧上升。随着无煤柱（小煤柱）成功应用到综放工作面，纵向与横向层面上的覆岩运动范围远大于综采工作面，由此引发的采动应力场、覆岩空间结构演化规律更加复杂。

由微震监测系统的广泛应用以及震源的时空分布规律可以看出，影响采场应力集中甚至冲击地压显现的岩层范围要远远超过常规矿山压力研究范畴。主要体现在相邻采空区覆岩结构的失稳、大范围采空区下高位巨厚关键层的断裂活动。通过深入分析这些冲击地压显现特点，我们得出工作面开采过程中存在着由本工作面—相邻采空区所构成的覆岩空间结构，此结构的动态演化决定了工作面状态与矿压显现形式。

覆岩空间结构的动态演化具有一定的条件，对于多工作面回采，两相邻采空区覆岩能否形成相互作用的空间结构，主要取决于其间的煤柱宽度。大煤柱能够有效地隔离采空区覆岩裂隙的联系，工作面之间的大煤柱可将两工作面间的覆岩运动隔离开来。因此，当工作面煤柱小于一定值时，工作面之间覆岩将会形成协同运动，形成相互作用的空间结构。

一、顶板断裂线理论分析

由顶板岩层的弹性基础梁理论可知，老顶岩层的断裂线发生在煤壁中。如果煤柱宽度过小，两相邻采空区顶板覆岩断裂线将会重合在一起，覆岩直接联系。利用弹性基础梁模型，可以解出老顶断裂线距离煤壁的位置即为老顶岩梁最大弯矩处。

假设煤壁处 $x=0$，则断裂线距煤壁距离为：

$$L_d = \frac{\tan^{-1}\left[\dfrac{\beta(2\alpha M_0 s + r Q_0)}{r^2 M_0 + \alpha r Q_0}\right]}{\beta} \qquad (2-1)$$

其中：$\beta = \left(\dfrac{\sqrt{k/EI}}{2} + \dfrac{N}{4EI}\right)^{1/2}$，$\alpha = \left(\dfrac{\sqrt{k/EI}}{2} - \dfrac{N}{4EI}\right)^{1/2}$，$s = N/EI$，$r = \sqrt{k/EI}$

式中　　k——Winkler 地基系数，与上下夹支的软岩层的厚度及力学性质有关；

　　　　EI——老顶岩梁的抗弯刚度；

M_0、Q_0、N——为工作面煤壁位置（$x=0$）所对应的截面内力。

老顶断裂线位置主要与下层垫层，即直接顶、煤壁的性质以及自身力学性质有关，根据现场测试一般为 $2\sim10\mathrm{m}$，因此考虑老顶断裂线因素，煤柱最小宽度判据为：$L_{\min} \geqslant 2L_d$。

二、煤柱塑性破坏

当煤柱的宽度可以阻止覆岩断裂线重合时，由于采空区侧向支承压力的作用，煤柱上方将会形成应力集中，如图 2-4 所示。在高支承压力作用下，煤柱会发生变形破坏，甚至发生煤柱型冲击地压，煤柱破坏后，将失去支撑作用，引起上方覆岩结构的连锁运动，断裂后的平衡结构可能形成失稳运动，没有发生断裂的覆岩由于下方离层区域的扩大，将会经历初步断裂与周期断裂，从而引发新的矿压显现。目前常用的煤柱稳定性设计方法有 A. H. Wilson 提出的极限平衡理论以及经验公式法。

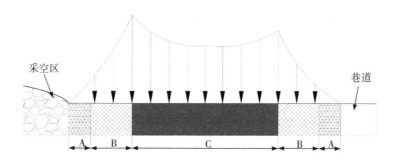

图 2-4　煤柱垂直应力分布示意图

A—破碎区；B—塑性区；C—弹性区

在高应力区域，不但要考虑煤柱的塑性破坏，还要满足核区率稳定要求。因此，可得煤柱不发生静态破坏的条件为：

$$a_j \geqslant 2r_p + r_e \qquad (2-2)$$

式中　a_j——煤柱宽度；

　　　r_p——煤柱屈服区宽度；

　　　r_e——煤柱弹性区宽度。

根据极限平衡理论可得近水平煤层屈服区宽度为：

$$r = \frac{m\lambda}{2\tan\varphi_0}\ln\left(\frac{k\gamma H + \dfrac{C_0}{\tan\varphi_0}}{\dfrac{C_0}{\tan\varphi_0} + \dfrac{P_x}{A}}\right) \qquad (2-3)$$

式中　m——煤柱高度；

　　　λ——侧压系数；

φ_0、C_0——煤体与顶底板岩层交界面的内摩擦角与黏聚力；

　　　k——应力集中系数；

　　　γ——岩层的平均密度；

　　　H——煤柱埋深；

　　　P_x——支架对巷帮的支护阻力。

根据稳定性理论，核区率应满足：

$$\rho = \frac{a_j - 2r_p}{a_j} = \{0.65_{\text{软煤}},\ 0.85_{\text{中硬煤}},\ 0.9_{\text{硬煤}}\} \qquad (2-4)$$

三、覆岩空间结构动态演化规律分析

采区内首采（单一）工作面开采后，上覆岩层依次破断，各关键层破断后形成"砌体梁"平衡结构，破断形态为O-X，即形成"O-X"型空间结构，根据各关键层的破断程度，细分为全空间与半空间"O-X"。"F"空间结构形成后，其中全空间"O-X"结构演化为短臂"F"结构，半空间"O-X"结构演化为长臂"F"结构。"F"空间结构工作面开采后，覆岩结构回归为"O-X"型空间结构，在地质条件、工作面宽度相等的情况下，短臂"F"结构回归为全空间"O-X"结构，而长臂"F"结构可能回归为半空间或全空间"O-X"结构，取决于关键层的破断距。继续顺序开采后，继续呈"F"空间结构，至采区内工作面回采完毕。

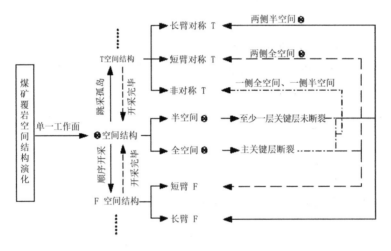

图2-5　煤矿覆岩空间结构演化

由于地质与生产接续因素，导致孤岛工作面形成，则孤岛工作面左右两侧为两个"O-X"空间结构，形成"T"空间结构，与"F"结构类似，根据"O-X"结构的两种状态演化成三种不同的"T"结构。而"T"工作面开采完毕后，覆岩回归到"O-X"空间结构，根据采区内工作面接替情况，后续工作面可能出现"O-X""F"或者"T"结构（图2-5）。

第四节　地应力对爆破的影响和作用

为了保证地表工程特别是地下工程的安全性和经济性，了解和掌握岩体初始应力状态是必要的。岩体初始应力，就是天然岩体在工程建设开挖之前所具有的自然

状态，通常也叫作地应力，主要决定于重力场和构造应力场。

　　岩体应力主要由自重应力、构造应力以及工程开挖引起的二次应力组成，二次应力也是一种对初始应力场的改造，它的大小受到初始应力场、开挖方式的影响。也就是说，矿床埋藏于岩体之中。从力学的角度看，地下岩体在一般情况下，例如在没有自然地震或人类工程活动的条件下，基本处于相对平衡状态。如果由于矿山或其他岩体工程活动，在岩体开挖一定的空洞，势必扰乱它原有的平衡状态，引起空洞周围岩体中的应力发生重新分布，围岩随之发生变形、移动，甚至破坏崩塌。至于是否会造成地下工程的失稳、破坏，这就决定于工程围岩的物理力学属性及其所处的地质环境工程结构的空间形态以及开挖与支护状态。

　　岩体的应力状态主要取决于原岩应力、采矿应力及其相互叠加，原岩应力大小与方向对围岩应力分布有很大影响。引起地应力的主要原因是重力作用和构造运动，其中尤以水平方向的构造运动对地应力形成及其分布特点影响很大。岩体自重引起自重应力场相对比较简单，而影响构造应力场的因素则非常复杂，它在空间的分布极不均匀，而且随着时间的推移在不断变化，属于非稳定应力场。

　　现在，国内外许多矿山进入深部开采，南非、印度金矿最深开采深度超过4000m，俄罗斯金属矿最深开采深度超过2000m，我国煤矿开采深度以每年$2 \sim 12m$的速度增加。徐州、平顶山、开滦、新汶等矿区部分煤矿已经超过1000m。在深部高应力环境中，在浅部表现为硬岩特性岩层也表现为软岩特性。

　　实践表明：随着矿山开采深度的加大，主应力随深度变化比较明显，由于地应力场的变化，尤其是水平方向的构造应力变化，岩体移动变形范围明显扩大，将有可能引起竖井、巷道、硐室、采场的变形、破坏和坍塌。因此，地应力对顶板爆破技术存在一定影响。

第三章

定向爆破爆轰能量
传播路径原理

第一节　爆破材料基本性质及选型

一、炸药爆炸特征

通常，能够进行爆炸及爆轰的物质称为炸药，但这并不是很严格。有一些物质在一般情况下不能爆轰，但在特定条件下却是能够爆轰的。例如，发射药及火箭推进剂在通常情况下主要的化学变化形式是速燃，但是在密闭容器内或用大威力传爆药柱起爆时，往往是可以发生爆轰的。苦味酸和 TNT 在发明雷管之前一直不被视为炸药，工业上用它们作黄色染料，但在诺贝尔发明雷管之后却成了很重要的烈性炸药。硝酸铵一直被看作是很好的化学肥料，但现在被广泛地用作工程爆破炸药。因此，炸药与非爆炸物之间并没有十分明确的界限。

从热力学意义上说，炸药是一种相对不稳定的体系，它在外界作用下能够发生快速的放热化学反应，同时形成强烈压缩状态的高压气体。在通常温度条件下炸药内部总是存在着缓慢的化学分解反应。但是在不同的环境条件下炸药能够以不同的形式进行化学反应，而且其性质与形式都可能具有重大差别。按照反应的速度及传播的性质，炸药的化学变化过程具有如下三种形式：即缓慢的化学变化，燃烧和爆轰。炸药在常温常压下，在不受其他任何外界的作用时，常常以缓慢速度进行分解反应，这种分解反应是在整个物质内展开的，同时反应的速度主要取决于当时环境的温度，温度升高，反应速度加快，服从于阿伦尼乌斯定律。例如，TNT 炸药在常温下的分解速度极慢，很不容易觉察，然而当环境温度增高到数百摄氏度时，它甚至可以立即发生爆炸。燃烧和爆轰与一般的缓慢化学变化的主要区别就在于燃烧和爆轰不是在全体物质内发生的，而是在物质的某一局部，而且二者都是以化学反应波的形式在炸药中按一定的速度一层一层地自动进行传播的。化学反应波阵面如图 3-1 所示。

燃烧和爆轰是性质不同的变化过程。试验与理论研究表明，它们在基本特性上有如下的区别：第一，传播机理不同，燃烧时反应区的能量是通过热传导、热辐射及燃烧气体产物的扩散作用传入未反应的原始炸药的。而爆轰的传播则是借助于冲击波对炸药的强烈冲击压缩作用进行的。第二，从波的传播速度上看，燃烧传播速度通常约为每秒数毫米到每秒数米，最大的也只有每秒数百米（如黑火药的最大燃烧传播速度约为 400m/s），即比原始炸药内的声速要低得多。相反，爆轰过程的传播速度总是大于原始炸药的声速，一般高达每秒数千米，如注装 TNT 的爆轰速度约为 6900m/s，在结晶密度下黑索金的爆轰速度达 8800m/s 左右。第三，燃烧过程的传播容易受外界条件的影响，特别是受环境压力条件的影响。如在大气中燃烧进行得很慢，但若将炸药放在密闭或半密闭容器中，燃烧过程的速度急剧加快，压力高达数千吉帕（GPa）。此时燃烧所形成的气体产物能够做抛射功，火炮发射弹丸正是对炸药燃烧的这一特性的利用。而爆轰过程的传播速度极快，几乎不受外界条件的影响，对于一定的炸药来说，爆轰速度在一定条件下是一个固定的常数。第四，燃烧过程中燃烧反应区内产物质点运动方向与燃烧波面传播方向相反。因此，燃烧波面内的压力较低。而爆轰时，爆轰反应区内产物质点运动方向与爆轰波传播方向相同，爆轰波区的压力高达数十吉帕。

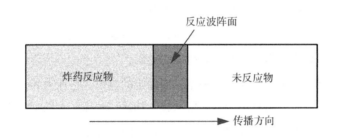

图 3-1 炸药化学反应波阵面示意图

通常将爆炸过程分为燃烧、爆炸和爆轰三类，爆炸和爆轰在基本特性上并没有本质差别，只不过传播速度一个是可变的（称之为爆炸），一个是恒定的（称之为爆轰）。"爆炸"也是爆轰的一种现象，称为不稳定爆轰，而恒速爆轰称之为稳定爆轰。炸药化学变化过程的三种形式（缓慢化学反应、燃烧和爆轰）在性质上虽各不相同，但它们之间却有着紧密的内在联系。炸药的缓慢分解在一定的条件下可以转变为炸药的燃烧，而炸药的燃烧在一定的条件下又能转变为炸药的爆轰。

二、煤岩爆炸损伤演化分析

为了研究在爆炸作用下煤岩体的裂隙发育情况，增强爆破效果，需要对煤岩体的爆破损伤机理进行研究。煤岩体的爆破损伤过程是一种复杂的动力学发展过程。深孔爆破可以假设是在无限介质的煤岩体中进行，因此建立如图 3-2 所示模型，图中 L 为爆破孔长度，L_1 为炸药长度，L_2 为封孔长度，R 为爆破漏斗底圆半径。

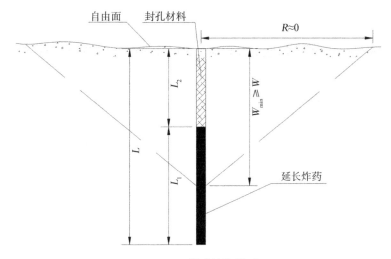

图 3-2 爆破结构模型

当炸药最小抵抗线 $W_{\min}$ 超过临界抵抗线 W 时，则可近似认为炸药在无限介质中爆炸，因此，在自由面上一般情况下将看不到爆炸痕迹，爆炸只发生在煤岩体介质内部，这与巷道内卸压爆破后情况相吻合。

煤岩体内部发生爆破后，煤岩体原生裂隙扩展，煤岩体损伤进一步发育，被激活裂纹数服从概率密度函数中的混合 Weibull 分布：

$$N(\varepsilon_{\mathrm{V}}) = k\varepsilon_{\mathrm{V}}^{m} \tag{3-1}$$

式中　$N(\varepsilon_{\mathrm{V}})$——被激活裂纹数；

　　　ε_{V}——体积应变；

　　　k，m——材料常数。

裂纹激活后就会影响周围煤岩体，并释放拉应力。而由混合 Weibull 分布推理与裂隙发育观测可知爆破孔周围会形成爆破孔、扩大空腔、粉碎区、裂隙区以及振动区，如图 3-3 所示。

爆破后，煤岩体裂隙主要由应力波和爆生气体共同作用产生。

首先，在爆破后爆破孔会在爆破作用下扩张形成爆破扩大空腔，空腔周围煤岩体受强烈压缩作用而粉碎，产生较大的塑性变形，进而产生粉碎区。之后，在应力波作用下煤岩体生成大量初始裂隙，当出现环向拉应力时，煤岩体原生裂隙就会激活，并形成新的裂隙。该区域在上述环向拉应力的作用下，形成辐射状径向裂隙。然后，爆生气体楔入裂隙中，使裂隙扩展。爆生气体膨胀应力可以看作是准静态应力场的作用，裂隙在煤岩体内产生二次扩展，从而煤岩体损伤出现进一步发育。径向裂隙形成过程如图 3-4 所示。

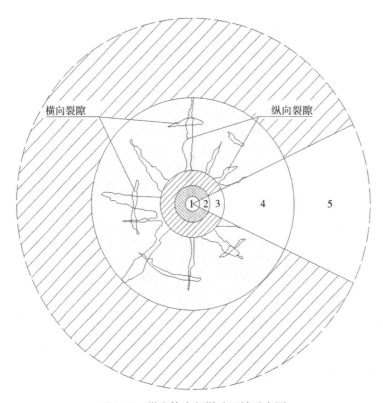

图 3-3　煤岩体内部爆破区域示意图

1—爆破孔；2—扩大空腔；3—粉碎区；4—裂隙区；5—振动区

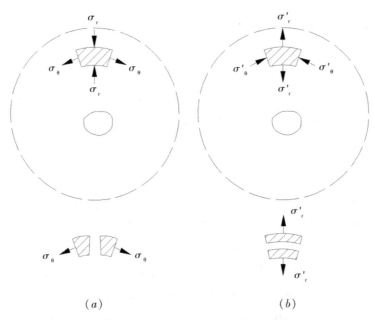

图 3-4　爆破孔裂隙区裂隙发育示意图

（a）径向裂隙；（b）环向裂隙

当爆破在煤岩体内引起向心拉应力时，质点就会开始径向移动，当向心拉应力超过煤岩抗拉强度时，煤岩就会被拉裂产生环向裂隙。同时，由于存在各向应力的相互作用，煤岩内还可能出现剪切裂隙。这些径向、环向和剪切裂隙相互交错而形成的区域称为裂隙区。裂隙区是工程爆破研究中的重点。

裂隙区以外爆炸应力波和爆生气体应力将迅速衰减为振动波，而振动波往往只能引起质点产生弹性振动，而不会使煤岩体产生新的宏观破坏，当振动波能量完全衰减后，爆破作用结束，该区域称为振动区（弹性区）。

三、爆破材料特点及选型

1. 炸药

岩土爆破：一般使用岩石炸药和露天炸药，岩石炸药有 2 号岩石水胶炸药、2 号岩石乳化炸药等含水炸药及改性铵油炸药、膨化硝铵炸药、粉状乳化炸药，露天炸药一般用于露天岩土开采。露天深孔爆破可采用包装药，也可采用混装车现场混装或者散装粉状药，无雷管感度的炸药要用起爆具起爆或导爆索引爆。

煤矿井工开采煤层及半煤岩岩层使用的煤矿许用型炸药，一般是包装型炸药。煤矿药不同的规格有不同的安标要求。煤矿开采要根据煤矿的瓦斯安全等级使用相应的炸药。煤矿现在使用膏状乳化炸药与水胶炸药较多，粉状炸药使用得较少。无煤与瓦斯的掘进可使用岩石炸药。煤矿炸药在采煤工作面应采用正向起爆，其他爆破工作面一般采用反向起爆。炮孔封堵应严密，为了降尘还应使用水炮泥封堵。

水下爆破：一般使用抗水炸药如水胶炸药和膏状乳化炸药，也可使用胶质炸药，雷管使用抗水雷管；有水爆破一般有水部分应使用抗水炸药，无水部分可使用粉状炸药，水下爆破为了提高爆破效率尽可能采用耦合装药。

炸药的出厂检验包括：殉爆、爆速、密度，殉爆、密度是批检，爆速是周检。殉爆指标：岩石型不小于 3cm，爆速不小于 3200m/s，密度范围较大，一般要求 $0.95 \sim 1.25\text{g/cm}^3$。实际一般乳化炸药的殉爆在 4cm 以上，水胶炸药殉爆在 3cm 以上。乳化炸药爆速一般在 4500m/s 以上，水胶炸药爆速在 3600m/s 以上。粉状炸药的殉爆一般在 5cm 以上，爆速较低，一般在 3200m/s 以上，水胶炸药、乳化炸药的密度一般控制在 $1.05 \sim 1.25\text{g/cm}^3$，大直径的密度大（一般在 $1.15 \sim 1.25\text{g/cm}^3$），小直径及煤矿许用型的密度较小（一般在 $1.05 \sim 1.15\text{g/cm}^3$）。

炸药的爆力是非常规检验项目，一般在形式检验时才做，一般粉状炸药的爆力较高（一般在 300mL/10g 以上），水胶炸药的居中（一般在 280mL/10g 以上），乳化炸药的爆力较小（一般在 260 ~ 280mL/10g）。

炸药的质量：炸药的初始爆炸性能一般都符合标准及用户要求，但随着储存时间的延长，爆炸性能一般都会有所下降。储存性能最好的是水胶炸药与粉状炸药，乳化炸药较差。标准要求煤矿型的120d以上，岩石型的180d以上，一般水胶炸药与粉状炸药存储360d以上爆炸性能变化都较小，但乳化炸药变化较大，现在乳化炸药小直径包装控制好的能满足标准要求，大直径（直径60mm及以上）有时1~2个月就会硬化，爆炸性能显著恶化。

2. 雷管

现在露天、无煤与瓦斯的井下爆破一般使用毫秒延期雷管或导爆管雷管，水下爆破一般使用抗水型雷管。一般要求在煤矿井下使用煤矿许用型雷管，最高不超过5段（130ms），在杂散电流较严重的地方一般使用导爆管雷管或抗杂散电流电雷管，特别重要或要求较高的地方可使用电子雷管。雷管有毫秒延期雷管（共4个系列：第一系列20个端别；第二系列5个端别，为煤矿许用；第三系列21个端别；第四系列8个端别），四分之一秒延期雷管（7个端别，最长名义值1.5s），半秒延期雷管（10个端别，最长名义值4.5s），秒延期雷管（11个端别，最长名义值10s）。

雷管也分为煤矿许用和非煤矿许用。煤矿许用型的可以用于有瓦斯和煤尘爆炸危险的爆破环境，也可用于其他一般的工程爆破。电雷管：通过电池、工频交流电、专用发炮器等施加电能激发（起爆）的工业雷管。主要分为：

（1）瞬发电雷管，通电瞬间爆炸的电雷管（一般从通到爆炸2~6ms以内）。

1）结构及特点：本品采用镀铜钢壳，刚性电引火元件。主装药为消焰剂黑索金，DDNP起爆药（图3-5）。

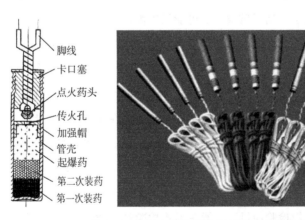

图3-5 瞬发电雷管结构示意图及实物照片

2）性能指标（表3-1）：

管壳材质：镀铜或发蓝钢壳，长度62mm。

外径：6.88mm。

脚线材料：聚氯乙烯钢芯电线；标准长度2.0m（1±5%）；其他常规长度2.5m和3.0m。

瞬发电雷管主要性能参数表 表3-1

序号	项目	指标
1	全电阻	2.0m脚线：2.95~3.65Ω；2.5m脚线：3.45~4.25Ω； 3.0m脚线：3.95~4.85Ω；3.5m脚线：4.45~5.45Ω
2	串联起爆电流	向20发串联连接的电雷管通以恒定直流电，全部发火的电流≤1.2A
3	最大不发火电流	向电雷管通以恒定直流电，通电5min，不发生爆炸电流≥0.20A
4	发火冲能	≥2.0A^2·ms
5	起爆能力	炸穿5mm厚镀锌钢板，孔径不小于7mm
6	抗震性能	落高150±2mm、振动频率60±1次/min、连续振动10min，不爆炸
7	抗拉性能	静拉力19.6N，持续1min，封口塞和脚线无移动和损坏，试验后仍可正常发火
8	抗水性能	水深5m，保持4h，发火可靠
9	静电感度	放电电容为2000pF，串联电阻为0Ω条件下，对雷管的脚线与管壳放电，雷管不爆炸的充电电压≥8kV
10	耐温性能	100℃环境下，保持4h，雷管不爆炸
11	可燃气安全度	浓度9%的可燃气引爆，不引燃可燃气
12	倒置起爆能力	振动试验后，倒置起爆，炸穿厚度为5mm的镀锌钢板，穿孔直径不小于7mm

（2）延期雷管（毫秒延期、半秒延期、秒延期）电雷管，该类型雷管是通电瞬间经过一定的延期时间才能爆炸的电雷管（一般分毫秒、半秒、秒）。毫秒系列分为煤矿许用和非煤矿许用。煤矿许用型的可以用于有瓦斯和煤尘爆炸危险的爆破

环境，也可用于其他一般的工程爆破。

1）结构及特点：本品采用镀铜钢壳，刚性电引火元件，铅管延期体结构。主装药为消焰剂黑索金，DDNP起爆药。

管壳：外径6.88mm，长度70~74mm，80mm。

脚线：聚氯乙烯铁脚线；目前常规产品有2.0、2.5、3.0脚线规格（图3-6）。

图3-6 延期电雷管结构示意图及实物照片

2）性能指标（表3-2）：

延期电雷管主要性能参数表 表3-2

序号	项目	指标
1	全电阻	2.0m脚线：2.95~3.65Ω；2.5m脚线：3.45~4.25Ω；3.0m脚线：3.95~4.85Ω；3.5m脚线：4.45~5.45Ω
2	串联起爆电流	向20发串联连接的电雷管通以恒定直流电，全部发火的电流≤1.2A
3	最大不发火电流	向电雷管通以恒定直流电，通电5min，不发生爆炸电流≥0.20A
4	发火冲能	≥2.0A²·ms
5	起爆能力	炸穿5mm厚镀锌钢板，孔径不小于7mm
6	抗震性能	落高150±2mm、振动频率60±1次/min、连续振动10min，不爆炸
7	抗拉性能	静拉力19.6N，持续1min，封口塞和脚线无移动和损坏，试验后仍可正常发火

序号	项目	指标
8	抗水性能	水深 5m，保持 4h，发火可靠
9	静电感度	放电电容为 2000pF，串联电阻为 0Ω 条件下，对雷管的脚线与管壳放电，雷管不爆炸的充电电压≥8kV
10	耐温性能	100℃环境下，保持 4h，雷管不爆炸
11	可燃气安全度	浓度 9% 的可燃气引爆，不引燃可燃气
12	倒置起爆能力	振动试验后，倒置起爆，炸穿厚度为 5mm 的镀锌钢板，穿孔直径不小于 7mm

第二节　聚能装药破岩作用原理

一、聚能装药机理

由于普通爆破时，炮孔壁各个方向受力均匀，因而不可避免地要产生随机裂隙，这些裂隙会在爆生气体作用下各自发展，达不到理想的效果。如果仅使爆破能量聚集于一个或若干个方向，则孔壁上会只产生一条或若干条导向切缝，切缝尖端在应力集中以及爆生气体作用下，会先于其他方向产生裂纹并通常能够进行扩展，这样同时又抑制了其他方向上裂纹的产生。同光面爆破相比，这种方式可提高保留岩石的强度和稳定性，并在同样的爆生气体压力下显著增加裂纹的扩展距离，形成较为平整的断裂面。聚能爆破就是可以达到这一目的的理想方法。普通装药与聚能装药爆炸如图 3-7 所示。

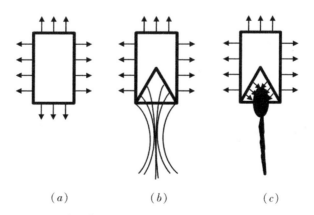

(a)　　　　(b)　　　　(c)

图 3-7　普通装药与聚能装药爆轰产物飞散对比示意图

普通药包爆轰后，爆轰产物向四周飞散，作用于靶体部分的仅仅是药包端部的爆轰产物，作用面积等于其端部面积（图3-7a）。带锥孔的药包则不同，当爆轰波前进到锥孔部分，其爆轰产物则沿着锥孔表面垂直的方向飞出，聚集在其对称轴上，汇聚成一股速度和压力都很高的气流，称为聚能流（图3-7b），它具有极高的速度、密度、压力和能量密度。能形成聚能射流便是带锥孔的药包提高破坏作用的原因。爆轰产物流不能无限制地集中，在离药包端面某一距离 F 处（焦距）达到最大的集中，随后则又迅速地飞散开。因此，必须恰当地选择炸高，以充分利用聚能效应。

若在药包锥孔表面加一个铜（或铝）槽（图3-7c），则爆轰产物在推动槽壁向轴线运动过程中，就能将能量传递给铜（或铝）槽。由于铜（或铝）的可压缩性很小，因此内能增加很少，能量的极大部分表现为动能形式，这样可避免高压膨胀引起的能量分散而使能量更为集中。聚能效应的主要特点是能量密度高和方向性强，但仅仅在聚能穴方向上有很大的能量密度和破坏作用，其他方向则和普通装药的破坏作用一样；因此，聚能装药一般只适用于产生局部破坏作用的领域。聚能效应的定向破坏为其应用于岩石定向断裂爆破提供了理论依据。

根据聚能原理，带金属聚能槽的药包起爆后，爆轰波一方面沿装药轴向传播，另一方面沿装药径向传播。当爆轰波沿装药径向传播至聚能槽时，聚能槽由于受到极大的压力发生压缩变形，由于碰撞产生极高的压力和温度，金属将变成液体，一定的液体金属将形成沿轴线方向射出的高速、高密度细金属射流，具有极强的破坏作用。最终形成沿对称面向远离炸药方向运动的高温、高压、高能量的刀片状金属射流和伴随金属射流低速运动的杵体，金属射流头部速度高达7000m/s以上，温度达4000℃以上，高能量密度的金属射流与炮孔壁碰撞形成切槽，而后爆炸应力波和高温高压爆生气体作用导致煤岩体发生破坏。金属射流与煤岩体碰撞后，碰撞点处煤岩体与射流以同一速度向前发生位移，此速度称为侵彻速度。射流侵彻时间很短，一般在几百毫秒以内。

聚能药包爆轰后，当爆轰波前进到锥孔部分时，爆轰产物沿锥孔表面垂直方向飞出，在对称轴上聚集并汇聚成一股气流，具有极高的速度、密度、压力和能量密度，大大提高了破坏作用。

二、定向聚能爆破成缝机理

岩石是由多种分子组成的多晶混合体，各分子之间相互作用，并存在一定的作用势。岩石材料在外载荷的作用下，各分子之间的作用势将会发生变化。岩石分子间的作用势可表述为：

$$V(r) = -\frac{A}{r^m} + \frac{B}{r^n} \qquad (3-2)$$

式中 r——分子间距;

A、B、n、m——大于零的常数,其中,n、m 与晶粒类型有关。

由 $V(r)$ 可叠加出二维平面内的势阱图,如图 3-8 所示。在此二维势阱中,考虑分子体系的势能随分子之间距离在受压方向(定义为 Z 方向,取拉伸方向为 Z 轴正向)上投影的变化,当岩样单轴受压时,分子体系作用势随 Z 轴的变化具有以下两个特点:

(1)$V(Z)$ 取有限值。

(2)$V(Z)$ 是有一定宽度的势垒。

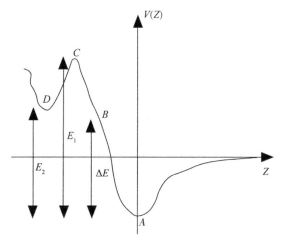

图 3-8   势阱 $V(Z)$ -Z 曲线

随外载增大,分子(或分子体系)的位能沿 Z 的反方向相应由 A 增加 ΔE。随 ΔE 增大,材料中的分子(或分子体系)穿越势垒 C 到 D 稳态的几率增大。当一分子(或分子体系)达到 D 稳态就对应材料中出现微缺陷。从图中可以看出 $E_1 > E_2$,当分子从 C 状态到 D 状态时要放出一定的能量,该能量一部分以声光方式释放出去,另一部分以弹性波的形式传递到已处激化态的分子,使这个激化态的分子又从 C 状态到 D 状态,且又要放出一部分能量。因此,只要 ΔE 的能量足够高,一旦有一部分分子跃到 C 状态到 D 稳态,就会有大部分的分子能够到达 D 稳态,形成一个连锁反应,这样岩石就会出现宏观裂纹直至破裂。

炸药在孔中爆炸后,首先是爆轰波作用于孔壁,产生压缩应力波,并在介质中形成动态应力场,在此应力场中的介质分子也获得了一个能量增量,在较近的地方,此能量增量能使分子自动跃迁到 C 状态到 D 稳态,形成连锁反应,使近区岩体直接产生裂纹。然而,在较远的地方,此能量增量衰减,不能使分子自动跃迁到从 C 状态到 D 稳态,只能在后续的高温、高压的爆生气体的作用下,使动态应力场中的介质分子再次获得能量增量，使分子的能量增加，此时，介质分子自动跃迁到 C 状态的几率就大大增强，极易形成连锁反应，出现宏观裂纹。因此，装药在炮孔中爆炸后，爆炸应力波的动态作用和爆生气体的准静态作用，在破岩的过程中是相辅相成、密不可分的。

在聚能过程中，动能是能够集中的，位能则不能集中，反而起分散作用。在这里不妨大致认为应力波是炸药爆炸后动能的一种表现方式，爆生气体是炸药爆炸后位能的一种表现方式。在工程爆破中，装药均在密闭的炮孔中爆炸，有的还带有较强的外壳，炮孔和外壳可以延缓侧向的稀疏波进入炸药装药的时间，因而能减少装药层不完全分解的化学损失和高温、高压爆生气体的位能过早散溢，提高装药能量的利用率，为定向断裂控制爆破获得理想的爆破效果提供能量保障。不论是应力波还是爆生气体，它们在破岩过程中都只是提供能量的一种表现方式，作用于岩石介质上，使介质分子的能量发生改变。

对聚能药包定向断裂控制爆破来说，由于聚能药包采用了特殊的装药结构，使得装药在爆炸后，在聚能方向形成了一个加强的爆轰射流直接撞击相对的孔壁，这个加强了的爆轰射流，一方面因其能流密度较大，使得被撞击的孔壁附近介质分子获得一个较大的能量增量，这个增量在没有爆生气体准静态作用下，就能使介质分子从 C 状态自动跃迁到 D 稳态，从而直接形成定向裂缝。另一方面，离孔壁较远处，因这个加强了的爆轰射流急剧衰减，其能流密度下降，使得介质分子获得的能量增量也降低，这样介质分子不能自动跃迁到 C 状态，从而不能直接形成裂缝。但是，在沿聚能方向的介质中，形成了一个加强的应力场，因而在聚能方向的介质分子获得比非聚能方向介质分子更多的能量增量。这些分子在后续高温、高压的爆生气体的准静态作用下，又获得非聚能方向介质分子同样多的能量增量，这样聚能方向介质分子的总能量增量大于非聚能方向介质分子的能量增量。因此，沿聚能方向的介质分子能自动跃迁到 C 状态的几率大大高于非聚能方向介质分子的几率，所以，沿聚能方向能形成定向裂缝，但是非聚能方向却难以形成裂缝。

第三节　定向爆破爆轰试验

一、岩石相似材料试件爆破预裂试验方案设计

1. 试验目的

本次试验主要目的有两个：

（1）测定耦合聚能装药结构对相似材料试样的预裂效果。

（2）测定承压耦合聚能装药结构相似材料试样声发射信息。

2. 试样制备

（1）选取水泥、石膏、标准砂和水按一定配比制作相似材料试件，试件预留30mm深度的炮孔（直径10mm）（表3-3）。

（2）本次试验计划采用70mm×70mm×70mm试件。

相似材料配比表（体积比）　　　　　　　表3-3

编号	标准砂	石膏：水泥	尺寸（mm）
1	65%	5：1	70×70×70
2	60%	10：1	70×70×70
3	60%	纯石膏	70×70×70

注：编号1水掺量占全部材料的15%；编号2水掺量占全部材料的20%；编号3水掺量占全部材料的20%。

3. 主要材料及仪器设备

（1）70mm×70mm×70mm的塑料模具、水泥（强度等级42.5级）、石膏粉、标准砂。

（2）角尺、游标卡尺。

（3）压力机、声发射仪器、三轴试验装置、高速摄像机。

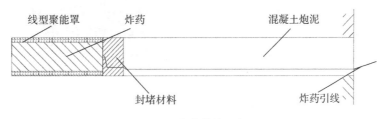

图3-9　装药结构示意图

4. 耦合聚能装药结构预裂试验程序

（1）根据所要求的试样状态准备试样，样品在自然条件下养护7d。

（2）将试样置于压力试验机上，按照国家标准测试试样抗压强度。

（3）安装试样：将试样置于三轴试验装置内，装置安装于压力机承压板上，调整有球形座的承压板，使试样均匀受载（图3-9）。

（4）通过得到的一定配比条件下试件的抗压强度进行试验机加载，保证试件应力相对集中，但不至于破坏。

（5）引爆内置聚能爆破装置。

（6）记录爆破后的试样卸载信息及声发射信息。

（7）描述试样的内部破坏形态，并记下有关情况。

二、相似材料试件爆破预裂试验结果

1. 试验试样选择

考虑到爆破炸药用量及裂纹发展要求，选取 2 号试样配比，标准砂 ：水泥 ：石膏=10 ：1 ：1.25，水胶比=0.6 ：1。该配比试件的单轴抗压强度 $f_c=2.04\text{MPa}$，重度 $\gamma=19.02\text{kN/m}^3$，泊松比 $\mu=0.2$，弹性模量 $E=1.73\text{GPa}$。

2. 试验试样安装（图 3-10 ~ 图 3-12）

图 3-10　装药前后试件形态

图 3-11　三轴试验装置

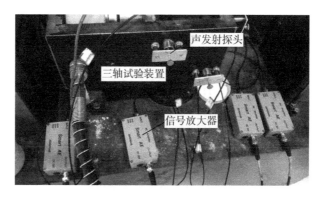

图 3-12　声发射设备安装

试验共进行了三组爆破，并对试件试验过程中的轴向应力及声发射振铃计数、能量进行了归类分析，如图 3-13 ~ 图 3-18 所示。

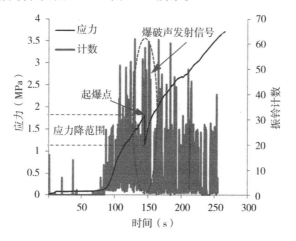

图 3-13　时间-应力-振铃计数曲线（试件 1）

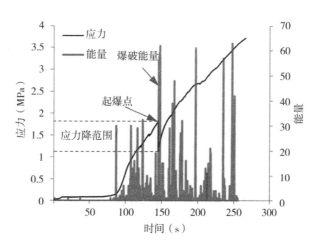

图 3-14　时间-应力-能量曲线（试件 1）

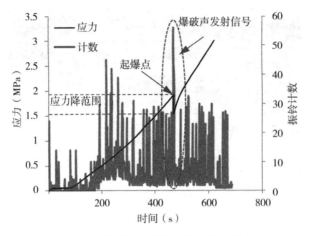

图 3-15　时间-应力-振铃计数曲线（试件 2）

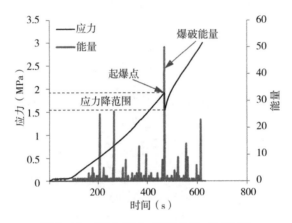

图 3-16　时间-应力-能量曲线（试件 2）

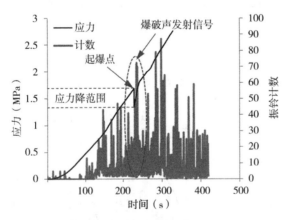

图 3-17　时间-应力-振铃计数曲线（试件 3）

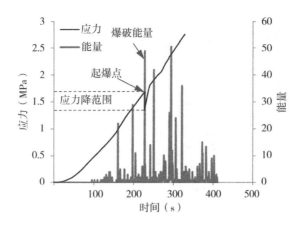

图 3-18　时间-应力-能量曲线（试件 3）

从三组试验的应力-时间曲线来看，在达到试件抗压强度之前进行爆破，爆破后出现了明显的应力降低现象，说明爆破对于应力集中情况下的试件具有较为明显的卸压作用。但之后应力又出现了进一步上升，说明爆破卸压方法具有一定的时效性，即爆破卸压后会出现再次应力升高现象。

从声发射振铃计数及能量来看，其与应力应变曲线吻合度较高，在试件出现较明显的受压破裂时，应力曲线会出现应力轻微降低现象，此时可以记录到较为集中的声发射信号，振铃计数与能量对应出现较大增长。可以看出破裂的发生与试件应力降低、声发射事件增多具有明显对应关系。

图 3-19 与图 3-20 所示为试件破坏形态，可以看出试件在爆破后出现了较为明显的破碎现象，在上部轴向压力及周围位移限制下，该破碎区域虽然已经形成，但无法排出碎块，进而无法形成卸载空间，因此爆破卸压后又出现了应力再次升高现象，应用定向爆破缩小被筒的试样 2 出现了明显的爆破主裂隙发育，定向致裂效果明显。

图 3-19　试件在装置内破坏形态（试样 1）

定向主裂缝

图 3-20　试件爆破后裂隙发展形态（试样 2）

第四节　亚克力试样高速成像研究

本试验采用的 GX-3 高速摄像机具有超高光敏性，21.7μm 的像素及卓越的动态范围，可以满足多种试验需求，使用方便，可以单机使用（即完全脱离计算机使用），可以用来记录色彩鲜艳的 130 万像素彩色图片或者颜色鲜明的 130 万像素单色图片，通过最新的 CMOS 传感器技术，最高拍摄速度可达 198000 帧/s。

采用 GX-3 高速摄像机和其他 GX 系列高速摄像机组成多机系统，可以更好地满足各种试验需求。

GX-3 高速摄像机结构和环境参数如下：

尺寸：100mm（W）×110mm（H）×260mm（D）；

重量：4kg（大约 9.4 磅）；

连接：一体化快速连接；

电源：20 ～ 32VDC；

操控温度：0 ～ 40°C；

储藏温度：-10 ～ 60°C；

超高光感性：20000ISO 黑白，>5000ISO 彩色；

高分辨率：1280 像素×1024 像素；

可调节拍摄速度：可逐帧调节范围从 50 ～ 198000fps；

可选比特长：12、10、8bits（延长记录时间）；

分辨率可调：以 16 像素×4 像素的步调调节分辨率；

图像输出：在设置、记录和回放过程中可实时输出图像 NTSC/PAL；

多种模式记录：脉冲触发、多次触发以及事件模式。

高速摄像是一种把高速运动变化过程的空间信息和时间紧密联系在一起进行图像记录的方法，能将瞬变、高速过程连续记录下来，并运用图像分析设备进行定量计算，其最早应用于弹道分析，至今已从军事扩展到民用，从工业扩展到医学生物，从宏观机械运动扩展到微观机制的研究。高速摄像可以在很短的时间内完成对高速目标的快速、多次采样，当以常规速度放映时，所记录目标的变化过程就清晰、缓慢地呈现在我们眼前。高速光电成像技术具有实时目标捕获、图像快速记录、即时回放、图像直观清晰等突出优点。

高速摄像系统的工作原理是：高速运动目标受到自然光或人工辅助照明灯光的照射产生反射光，或者运动目标本身发光，这些光的一部分透过高速成像系统的成像物镜，经物镜成像后，落在光电成像器件的像感面上，受驱动电路控制的光电器件，会对像感面上的目标像快速响应，即根据像感面上目标像光能量的分布，在各采样点即像素点产生相应大小的电荷包，完成图像的光电转换。带有图像信息的各个电荷包被迅速转移到读出寄存器中。读出信号经信号处理后传输至电脑中，由电脑对图像进行读出显示和判读，并将结果输出。因此，一套完整的高速成像系统由光学成像、光电成像、信号传输、控制、图像存储与处理等几部分组成。

衡量爆破效果的最主要指标是深部煤岩体的破碎程度，将高速摄影技术与先进的图像计算机分析技术结合起来用于测定爆破后材料的破裂区域及程度，是研究爆轰能量传播和效果的一项重要技术。

一、试验目的

（1）研究定向爆破亚克力试块高速成像形态。

（2）研究小剂量爆破装置试样破裂规律。

二、试样选择

亚克力，又叫 PMMA，源自英文 acrylic（丙烯酸塑料），化学名称为聚甲基丙烯酸甲酯。亚克力是一种开发较早的重要可塑性高分子材料，具有较好的透明性、化学稳定性和耐候性，易染色、易加工、外观优美，在建筑业中有着广泛的应用（图3-21、图3-22）。有机玻璃产品通常可以分为浇注板、挤出板和模塑料。亚克力具有以下特性：

（1）具有水晶般的透明度，透光率在92%以上，光线柔和、视觉清晰，用染料着色的亚克力又有很好的展色效果。

（2）亚克力板具有极佳的耐候性、较高的表面硬度和表面光泽，以及较好的高温性能。

（3）亚克力板有良好的加工性能，既可以采用热成型，也可以采用机械加工的方式。

（4）透明亚克力板材具有可与玻璃比拟的透光率，但密度只有玻璃的一半。此外，它不像玻璃那么易碎，即使破坏，也不会像玻璃那样形成锋利的碎片。

（5）亚克力板的耐磨性与铝材接近，稳定性好，耐多种化学品腐蚀。

（6）亚克力板具有良好的适印性和喷涂性，采用适当的印刷和喷涂工艺，可以赋予亚克力制品理想的表面装饰效果。

（7）耐燃性：不自燃但属于易燃品，不具备自熄性。

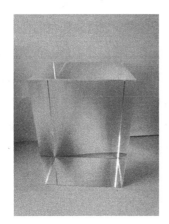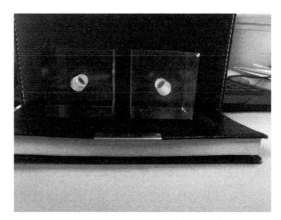

图 3-21　亚克力试样实物图

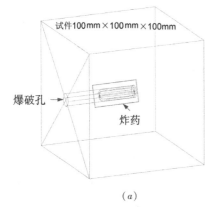

（a）　　　　　　　　　　　　　　（b）

图 3-22　亚克力试样装药示意图及实物图

（a）装药示意图；（b）装药实物图

三、主要材料及仪器设备

（1）100mm×100mm×100mm 亚克力试块。

（2）角尺、游标卡尺。

（3）压力机、高速摄像机。

四、亚克力试样高速成像试验程序

（1）根据所要求的试样状态准备试样，试样内打孔，孔径10mm，孔深60mm。

（2）将试样置于高速摄像系统监测范围内。

（3）引爆内置聚能爆破装置。

（4）记录爆破后的试件破坏形态，并记下有关情况。

五、亚克力试样高速摄像试验结果

将亚克力试样安装在高速摄像系统监测范围内，并置于压力试验机内，给予一定压力，使亚克力试样处于承压状态，如图3-23～图3-28所示。

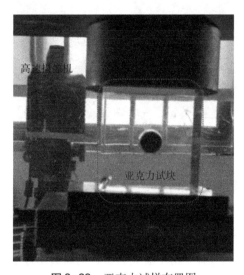

图3-23 亚克力试样布置图

图3-24 高速数字记录系统

图 3-25　起爆开始试件状态　　　　图 3-26　起爆过程试件状态

图 3-27　起爆后大块飞溅状态　　　　图 3-28　起爆过程试件状态

内置爆破装置引爆高速成像结果：

图 3-25 所示为试件开始起爆时刻，从图中可以看出，亚克力材料具有一定的弹性，试样在炸药起爆时由于内部爆轰应力波及爆轰产物影响而出现了外鼓变形。图 3-26 所示为试件起爆过程，由于亚克力材料的高透明性能，可以较为明显地看出内部爆炸后产生的浑浊爆生气体，这部分气体使得试样进一步产生了变形。图 3-27 与图 3-28 所示为试件受爆破影响破碎后的碎块飞溅过程，由于爆破能量高于亚克力试样强度，因此试样出现了破碎，并在炸药化学能激发下出现了大块试块的击飞现象。

第四章

双向聚能快速装药
装备研发

第一节　煤矿炸药材料的选取

一、乳化炸药材料选取

乳化炸药是氧化剂盐类水溶液的微滴，是均匀分散在含有分散气泡或空心玻璃微珠等多孔物质的油相连续介质中，借助乳化剂的作用形成的一种油包水型的乳胶状炸药。其主要成分有：

（1）硝酸铵和硝酸钠的饱和水溶液（80%~95%）。

（2）3%~10%的消焰剂氯化钾。

（3）4%左右的复合油相（如石蜡、凡士林、机械油、微晶蜡）的混合物匹配而成，构成油包水型的连续相（外相）。

（4）2%左右的乳化剂（s-80和高分子）（图4-1、表4-1）。

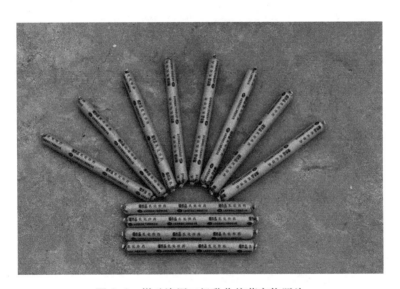

图4-1　煤矿许用三级乳化炸药实物照片

1. 乳化炸药优点

（1）密度高：$1.04 \sim 1.25 \mathrm{g/cm^3}$；

（2）爆速高：$4500 \sim 5200 \mathrm{m/s}$；

（3）抗水性能好；

（4）安全性能好：火焰、枪击、摩擦撞击感度很低，运储使用安全；

（5）爆炸性能好：可以直接用8号雷管起爆；

（6）爆炸后炮烟（有毒气体）少；

（7）本身无毒无害。

2. 乳化炸药缺点

（1）保质期短：一般煤矿型的不超过 4 个月，岩石型的不超过 6 个月。

（2）抗压死性能不好：容易出现残药。

两种乳化炸药参数表　　　　　　　　　　　　表 4-1

品　　种	殉爆距离 （cm）	猛度 （mm）	爆速 （m/s）	药卷密度 （g/m³）	做功能力
煤矿许用三级 乳化炸药	≥2	≥10	≥3.0×10³	0.94 ~ 1.25	≥220
	3 ~ 6	12 ~ 15	4200 ~ 4700	1.05 ~ 1.16	250 ~ 270
2 号岩石 乳化炸药	≥3	≥12	≥3.2×10³	0.94 ~ 1.25	≥260
	4 ~ 7	13 ~ 18	4500 ~ 5200	1.05 ~ 1.20	270 ~ 280

1 号岩石炸药：适用于强度大的坚硬及超硬岩石的爆破。例如，金矿石、铁矿石等黏性较大的矿岩以及花岗岩、玄武岩等超硬岩等的爆破。

2 号岩石炸药：适应于中硬岩石的爆破。例如，石灰岩等。

煤矿许用二级乳化炸药：适用于可用于低瓦斯矿井的煤层采掘工作面，半煤巷掘进工作面爆破。

煤矿许用三级乳化炸药：可用于高瓦斯矿井，以及瓦斯与煤尘突出危险的爆破工作面。

某些矿井属于瓦斯矿井，为安全起见，炸药：选用煤矿许用三级炸药，药卷规格 ϕ27mm×300mm，200g/支。雷管：选用 1 ~ 5 段同期毫秒延期电雷管，延期时间不超过 130ms。起爆电源：选用 FD150-200T 型矿用安全网络闭锁发爆器。

二、煤矿许用瓦斯抽采水胶药柱材料选取

煤矿许用瓦斯抽采水胶药柱适用于有可燃气和有煤尘爆炸危险的煤层或岩层深孔预裂爆破工程，如增加低透气性煤层的透气性深孔爆破、回采煤层顶板超前弱化爆破、回采工作面遇坚硬断层超前弱化爆破（表 4-2、表 4-3、图 4-2）。

瓦斯抽采水胶药柱性能表 表 4-2

序号	项目	性能指标
1	主装药密度（g/cm³）	0.90 ~ 1.25
2	爆速（m/s）	5500 ~ 7000
3	可燃气安全度（以半数引火量计）（g）	≥500
4	煤尘-可燃气安全度（以半数引火量计）（g）	≥250
5	抗爆燃性	合格
6	爆炸后有毒气体含量（L/kg）	≤50
7	装药管表面电阻（Ω）	≤1.0×10⁹
8	装药管强度（MPa）	≥0.03
9	保质期（d）	不小于 90

瓦斯抽采水胶药柱规格表 表 4-3

药柱外径（mm）	63±1	75±1
药柱质量（g）	3300±80	5000±100

图 4-2　煤矿许用瓦斯抽采水胶药柱实物照片

上述问题中，深孔爆破稳定性问题是首要也是关键问题，因为以往的深孔爆破装备和方法在炸药安装完毕后基本不存在将炸药从钻孔中再次处理的可行性，而且钻孔施工完成后的装药与封孔速度慢，直接影响到了工作面安装、生产等整体施工进度，不利于安全和有序生产。为了解决上述问题，亟待研发成套化的深孔爆破装备。

项目基于现场实际情况，分步解决上述问题：爆破稳定性→装药快速性→爆破精细化→效果检验。基于此，研发了 P63×1.5 型定向被筒、SJHS60/20 型袋装封孔剂、SJHS 型灌注封孔剂、FQ-50 风动封孔器、囊袋封孔器等装备。

第二节　P63×1.5 型定向被筒

一、P63×1.5 型定向被筒设计原理

为了提高顶板预裂效果，使顶板预裂方向可控，爆破应优先采用深孔定向聚能预裂爆破技术，装药结构为双向聚能装药，装药装置为 P63×1.5 型定向被筒。

聚能效应称为空心效应或诺尔曼效应，利用装药一端特殊的孔穴提高特定方向的破坏作用。普通的球状或柱状装药爆炸后，爆炸产物沿着装药表面向四周扩散，如在装药的一端切一个聚能穴，爆炸产物将向穴的轴线方向积聚。

高压的爆炸产物在沿轴线汇聚时，形成更高的压力区，并迫使爆炸产物向周围的低压区膨胀，能量又随之释放。在聚能过程中动能是能够积聚的，而位能则不能积聚，反而起到分散作用。为更好利用爆轰产物的聚能作用，在聚能装置中植入金属结构，将能量尽可能转换成动能，提高能量的集中程度。

根据聚能原理，带聚能槽的药包起爆后，爆轰波一方面沿装药轴向传播，另一方面沿装药径向传播。当爆轰波沿装药径向传播至聚能槽时，聚能槽由于受到极大的压力发生压缩变形，由于碰撞产生极高的压力和温度，爆破能量将形成沿轴线方向射出的高速、高密度射流，具有极强的破岩作用。

由于坚硬顶板的垮落具有来压步距大、矿压显现强烈等特点，极为容易出现顶板事故，甚至诱发顶板型冲击地压。因此，对于坚硬顶板一般需要采取人工强制预裂技术，破坏坚硬顶板的结构强度，缩短其来压步距，减弱其矿压显现特征。在实际工程中，人工强制预裂技术通常采用预裂爆破法来实现（图 4-3）。

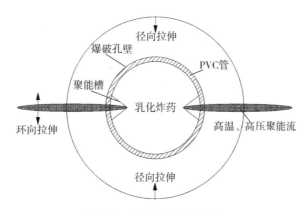

图 4-3　聚能爆破致裂原理

定向被筒（P63×1.5型）为顶板深孔预裂爆破专用装置，可以有效提高深孔预裂爆破的效果与爆破安全性，从而最大程度避免瞎炮产生，对矿井安全具有重要意义（图4-4）。

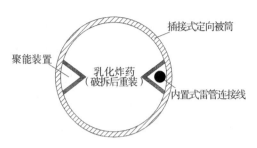

图4-4 P63×1.5定向被筒聚能装药结构示意图

聚能药包爆轰后，当爆轰波前进到聚能槽部分时，爆轰产物沿聚能槽表面垂直方向飞出，在对称轴上聚集并汇聚成一股气流，具有极高的速度、压力和能量密度，大大提高了破坏作用。

二、P63×1.5型定向被筒技术参数

型号：定向被筒（P63×1.5定制型）。

规格：套。

参数：1.5~1.6 m直连式被筒。

特点及优势：内置定向槽，封注式雷管连线，按压式连接装置，直连设计，可以实现井下快速连续装药，并可根据井下煤岩体内爆破孔深度及装药量成套化定制（带防溜管装置、连接扣及防水绝缘胶带）（图4-5）。

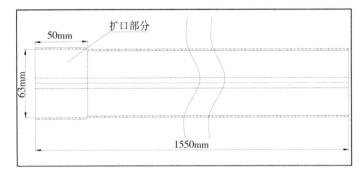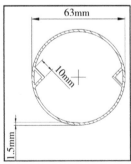

图4-5 定向被筒结构示意图

三、P63×1.5 型定向被筒快速装药实例

（1）顶板爆破钻孔使用定向被筒作为炸药的载体，定向被筒根数根据每孔装药量确定（图4-6）。

（2）起爆药卷必须用2发同号毫秒延期电雷管并联连接，雷管与引线的连接部位要用绝缘胶布密封好，并固定于定向被筒内，起爆药卷布置在定向被筒第一块药卷位置。

（3）每节定向被筒（1.5m）为一个爆破单元，每单元装药完毕后，将连接雷管的引线布设至钻孔孔口处与放炮母线相连（图4-7）。

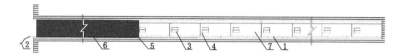

图4-6　深孔钻孔装药剖面示意图

1—定向被筒（φ63mm×1500mm）；2—爆破母线；3—同期毫秒延期电雷管；

4—雷管脚线；5—专用封孔剂、黄土炮泥；6—电源线；

7—矿用三级乳化炸药（φ27mm×300mm×200g）

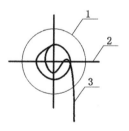

图4-7　倒刺结构及绕线方式示意图

1—被筒尾结；2—防滑倒刺（不小于8号镀锌钢丝）；3—电源线

第三节　SJHS60/200型袋装封孔剂

SJHS60/200型袋装封孔剂是经特殊加工而成的浸水式封孔药剂，具有快凝、超快硬、早期强度高、微膨胀、粘结强度高、性能可靠、承载快且耐久性好、无毒、无腐蚀、价格便宜、使用方便、操作简单等特点（图4-8）。

图 4-8　袋装封孔剂实物图

一、主要性能

基本参数见表 4-4。

SJHS60/200 型袋装封孔剂基本参数表　　　　　表 4-4

规　　格				浸水时间	凝结时间（min）	
直径（mm）	长度（mm）	钻孔直径（mm）	密度（g/cm³）	（s）	初凝	终凝
60±5	200±5	76	1.47±0.02	30~70	4~7	8~10

二、适用范围

（1）适用于深孔爆破孔外段封孔，使用简便，封孔效果好，短时强度可满足爆破需求。

（2）适用于矿山、水工隧道与地下厂房、公路交通等的钻孔快速封孔工程。

（3）可用于紧急情况下的堵漏等特殊施工需要。

三、使用方法及注意事项

（1）检查：按钻孔设计要求，选择合适尺寸的封孔剂，使用前应严格检查药剂是否受潮变质，并确保在有效使用期内。施工好的钻孔内尽量不要有过多粉尘。

（2）浸泡：为了有效缩短封孔剂受潮时间，确保封孔质量，使用时建议将单孔设计使用数量一次性浸泡，水深应没过水泥封孔袋 10cm 以上。将 SJHS60/200 型袋装封孔剂放入水中浸泡 30~70s，保证药剂水化时有足够的需水量。

（3）安装：从水中取出封孔袋，用专用杆体逐条逐次慢慢推入钻孔中并捣实，为确保封孔质量，封孔长度理论上不小于钻孔长度的 30%~40%。

（4）封孔完毕后，在封孔药剂凝固前不要搅动药剂，使药剂在静止状态下凝结成型。

（5）浸泡时间不要超过2min，防止药剂出现早凝，致使药剂失效，影响封孔效果。

（6）本产品开箱使用后应立即将剩余产品包装内袋扎紧，以防受潮。

（7）本产品为弱碱性药剂，使用时应做好一定的安全防护措施，避免误入眼睛或口鼻内，使用时应佩戴好防护眼镜及防尘口罩。

四、其他说明

（1）本剂规格为每袋 $\phi60\text{mm}\times200\text{mm}$，亦可根据用户需要加工不同规格的产品。

（2）本品每20袋为一箱，采用塑料薄膜与专用纸箱密封包装。

（3）本品需存放于干燥处，搬运中注意轻搬轻放，严防破损受潮失效。如受潮，药剂将会凝固变硬，从而失效。

（4）本品保质期为三个月，应在箱体标注失效时间内使用，过期不得使用，否则会影响封孔效果。

第四节　SJHS型灌注封孔剂

SJHS型灌注封孔剂，解决了井下深孔爆破孔高效封孔的主要技术难题。灌注封孔剂材料本身具有致密性，同时灌注封孔剂与钻孔壁面之间能形成致密结合体，封堵爆破孔。

一、产品的主要性能

（1）灌注封孔剂凝固速度快：配合封孔器使用后可以实现快速凝固，达到使用强度。

（2）微膨胀性：有效地密封爆破钻孔封孔段。

（3）易操作性：使用普通型注浆泵即可实现浆料灌注。

（4）参数可调：根据现场装药量及水灰比不同，可以实现差异化参数调整。

（5）灌注封孔剂1h内可快速凝固，3h后强度不低于13MPa。

（6）灌注封孔剂凝结后抗压强度高，保证钻孔封堵的气密长效性。

二、产品的主要参数

基本参数见表4-5。

SJHS 型灌注封孔剂基本参数表　　　　　表 4-5

参数				水灰比（根据灌注方法差异化配置）	凝结时间（差异化配置）		保质期（d）（密封防潮存放）
终凝抗压强度（MPa）	终凝抗折强度（MPa）	膨胀率	密度（g/cm³）		初凝（min）	终凝（h）	
≥18	≥3	≥2%	2.47±0.02	(0.4～1)：1	30～90	1.5～10	90

三、使用方法及注意事项

1. 使用方法

使用方法一：

（1）可以配套本公司研发的矿用封孔器使用，矿用封孔器是一种承压型封孔器，其结构共分为两部分：①采用特殊布料制成的承压袋状结构，主要作为承装注浆封孔材料，注浆后可以实现与爆破钻孔内壁的良好接触，并可以实现将注浆封孔材料中多余水分过滤掉的效果。②注浆管，1.5～2m 注浆管，由承压袋状结构包裹，包裹处有一个 1cm 的注浆开孔，通过注浆管可以将封孔材料注入承压袋状结构中，使承压袋状结构胀大，与钻孔内壁充分接触，达到封孔目的。

（2）矿用封孔器可以实现多段式设计，采用多个承压袋状结构进行串联，实现较高的封孔压力和较好的封孔效果。

（3）使用上述方法时，封孔剂水灰比建议为 1：1。

（4）爆破时间在封孔注浆后 1h 左右。

（5）建议采用五段式封孔器，最末端封孔袋达到炸药底端为宜。

使用方法二：

（1）使用两根 1.5～2cm 的注浆管，一根作为注浆管，放在孔口以内 1.5m 位置，一根作为返浆管，放在距孔内炸药 0.1m 处。

（2）距孔口 1m 钻孔内用棉纱或者废旧编织袋等材料塞紧，固定两条管路，然后根据钻孔直径选用合适的灌注封孔剂封堵钻孔（长度不小于 0.8m）。

（3）注浆，待返浆管开始返浆后停止注浆。

（4）使用上述方法时，封孔剂水灰比建议为 0.4：1。

（5）爆破时间在封孔注浆后 1h 左右。

2. 注意事项

（1）检查：按实际需求，选择合适的封孔方式，使用前应严格检查封孔药剂是否受潮变质，并确保在有效使用期内。

（2）钻孔雷管脚线连接处应确保做好防水处理。

（3）雷管引线应使用质量较好的线路。

（4）孔内涌水量较大的情况下建议采用一定的疏放水措施，如加入专门的疏水管。

（5）本产品开箱使用后应立即将剩余产品包装内袋扎紧以防受潮。

（6）本产品为弱碱性药剂，使用时应做好一定的安全防护措施，避免误入眼睛或口鼻内，使用时应佩戴好防护眼镜及防尘口罩。

（7）第一次使用本产品时应适当降低水灰比，并适当在注浆后延长起爆时间。

第五节　FQ-50 风动封孔器

FQ-50 风动封孔器为根据煤矿井下各类深孔（如深孔爆破孔、深孔瓦斯孔、深孔地质孔等）实际情况研发的最新一代产品，不仅提高了封孔质量，而且提高了工艺效率，产品具有轻便、耐用、封孔效率高、适用性强等优点，是煤矿井下钻孔施工优选配套产品。

一、FQ-50 风动封孔器概况

FQ-50 风动封孔器采用井下自有压风系统作为动力源，具有封孔材料装料速度快、装填密度大、封孔效率高、使用携带方便等特点（图4-9）。采用封孔器封孔，可节省人力、减轻劳动强度、提高封孔效率、改善封孔质量、保障作业安全。

图 4-9　FQ-50 风动封孔器实物照

FQ-50 风动封孔器是一种向中、深钻孔装填封孔材料的专用设备。适用于煤矿、地下金属矿山及其他地下工程的中、深钻孔封孔作业。该设备可适用于具有一定湿度的炮泥或其他封孔材料。

FQ-50 风动封孔器为相对密闭容器，装料原理是风动压入式。压风经进气阀进入料桶，封孔材料在压气作用下，先将底部锥口内的封孔材料压入输料软管。而上部的封孔材料借助风压及自重作用不断地补充到锥口。FQ-50 风动封孔器可以顺利地将具有一定黏性的炮泥或其他封孔材料连续地经软管送入钻孔并压实，达到封孔的目的（表4-6）。

FQ-50 风动封孔器基本参数表   表 4-6

序　号	项　目	单　位	数　量
1	料桶容积	dm^3	47
2	最大装料量	dm^3	35
3	工作风压	MPa	0.25 ~ 0.5
4	极限风压	MPa	0.7
5	输料软管内径	mm	25、32 或其他
6	外形尺寸：长×宽×高	mm	360×360×1000
7	自重	kg	35

二、FQ-50 风动封孔器结构

1. 封孔器的组成

FQ-50 风动封孔器由输料管、排药阀、料桶、排料阀、封口平盖、支撑腿、吹风阀、进风阀、调压阀、压力表等部件组成（图4-10）。

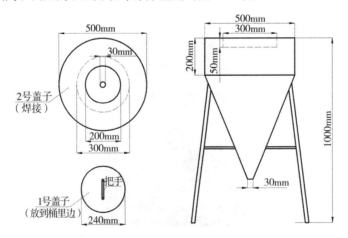

图 4-10　FQ-50 风动封孔器结构示意图

2. FQ-50 风动封孔器结构概述

FQ-50 风动封孔器为无搅拌式封孔器，其料桶呈锥形，容量为 47L，最大装料量 35L（黄土炮泥约为 40kg），排料阀为球形阀，是排料开关装置。用内径 25 或 32mm 的接头与输料软管连接。调压阀起到稳定桶内气压的作用。放风阀、吹风阀、进风阀是同一结构的球形阀，它们是封孔器的内外气路开关装置。封口盖与上料漏斗为装料结构。三只支脚使封孔器有效接地，而且两只支脚上还安装有滚轮，方便拖动挪移。根据井下实际需要，所有密封部件经 0.7MPa 风压检测不存在漏气情况。

3. FQ-50 风动封孔器的气路系统

FQ-50 风动封孔器以井下自有压风系统作动力，从风源引来压气，经进气阀和调压阀在桶上部进入料桶。另一路压风经吹风阀进入排料阀弯头，为吹风支路，工作时，关闭吹风阀，打开进气阀，使压风进入料桶下压封孔材料。如果需要清除输料软管内余料，则关闭进气阀，送风入排药弯头与输料软管，排出余料。

三、FQ-50 风动封孔器操作方法

1. 劳动组织

该封孔器可由 2~3 人进行操作，即 1~2 人上药和操作排药阀，1 人操作输料软管。

2. 准备工作

（1）按钻孔直径大小，选用合适的输料软管，以降低返料率，一般钻孔直径在 40~50mm 时，选用内径 25mm 软管，钻孔直径在 50~70mm 时，选用内径 32mm 软管（也可根据具体钻孔直径与使用情况进行更换）。

（2）封孔器出料口应用专用卡箍与软管牢固连接。

（3）将封孔器移到封孔区域，放置在较平整的地方。

（4）封孔材料用 4~5 网目筛子过筛，并作细化处理，用麻袋或塑料袋装好后运至作业地点。

（5）接上风源，打开吹风阀，吹净输料管内水分和杂物。

（6）打开进气阀，压气经调压阀入料桶，吹净桶内壁上的杂物。

3. 装料

（1）上料至距封口平盖约 30cm 的地方。

（2）将封口平盖上的余料抖落，并用手提起平盖，使其与筒壁紧密接触，打开进风阀门，封口平盖立即会紧贴封头。

（3）按照需要通过调压阀调节装料压力。

（4）将输料软管插入钻孔封孔段底部，再向后退出 30cm 左右，然后软管操作人员向封孔器操作者发出给料信号。

（5）封孔器操作人员收到给料信号后，打开吹风阀并立即关闭，紧接着全开球形排料阀。此时，软管操作人员听到封孔材料喷出声音后，应按照一定的拔管速度匀速拔管。

（6）软管操作人员根据钻孔所留的封孔长度，发出停止给料信号，封孔器操作人员立即关闭球形排料阀。然后，通过排气阀将软管的余料吹入钻孔。

（7）再向另一钻孔装料，重复上述（4）～（6）项动作，直到桶内封孔材料全部用完。

（8）关闭进风阀，打开放气阀，放出桶内余气，再向桶内上料，继续向钻孔装料，直至装完所有钻孔。

（9）施工完毕，若桶内还有封孔材料，则打开球形排料阀将余料吹入容器或编织袋内，不能随意浪费封孔材料。

四、机器的维护

（1）收尽余料，打开吹风阀，用风或水清理桶内外表面的浮料，并用抹布擦净。

（2）用过数次后，应卸下出料阀门等部件，清除死角处的余料。

（3）封孔器若长期不使用，则可能造成各阀手柄转动不灵活，此时慢慢转动数次，可恢复正常。

（4）封孔器若长期不使用，则应及时撤出作业地点，做好防锈处理，并存放于干燥地点，避免受潮或雨淋造成生锈，进而影响使用效果。

（5）应定期检查设备密封情况及各连接部位的紧密性。

五、封孔器可能发生的故障原因，排除及预防方法

1. 调压阀失灵，桶内压力不稳

原因：调压阀内，进入小碎石或杂物，卡住密封座部件，或密封垫被压风吹开，而不能完全密封住。

排除及预防：关闭进风阀，放掉料桶内压力气体，卸下调压阀底部压盖，消除小碎石杂物，使密封部件工作正常。

2. 打开球形排料阀，软管不正常喷料

原因：①封孔材料中有大块或混有石块和杂物，使管堵住。②软管弯曲严重，封孔材料在管中堵住。

排除及预防：①打开吹风阀，送给高压风，若还不能排除堵管，则先关闭高压

风阀，然后卸下软管接头，除去接头处大块或异物。②抖动和敲打软管接头。③装料和运输过程中，注意防止有结块或其他杂物混入。

3. 软管出风但不正常喷料

原因：料筒内封孔材料搭棚，出现洞口。

排除及预防：晃动封孔器，使封孔材料均匀落入底部漏斗内，并检查料桶内封孔材料的余量，若余料过少应尽快添加。

六、注意事项

（1）使用之前请熟悉使用说明书。

（2）应按照《煤矿安全规程》《煤矿安全操作规程》等编制专项安全技术措施，并严格按照技术措施要求进行施工。

（3）搬运封孔器必须轻拿轻放，严禁抛、掷。

（4）封孔器进入作业现场，要认真检查、处理顶板及两帮的浮石，确定安全后方可作业。

（5）封孔器工作时，工作面必须有足够的照明，风管接头应牢固，操作人员不得离开岗位。

（6）装料前，应开风将风管内及封孔器内杂物吹净，以防堵塞。

（7）检查封孔器是否良好，是否有跑风或其他损坏。

（8）操作时杜绝不良习惯性作业，造成操作失误。

（9）装料时，注意调整好风压，软管操作人员应与封孔器操作人员紧密配合，软管操作人员应站在侧面，不准站在钻孔下冲方向，以免封孔材料下冲伤人。

（10）封孔材料装填前应用木棒或其他工具锤细，不得将石块等杂物混入封孔材料内，封孔材料准备完成后，应尽快使用，避免封孔材料风干或硬化。若用黄土炮泥作为封孔材料，炮泥湿度应保证"手攥成块，手揉散开"的效果方为合格。

（11）装料时注意调好风压，软管操作人员要掌握好拔管技术，应确保封孔密实。

（12）禁止未经培训人员开动设备，严禁单岗作业。

（13）在特殊地段作业时，必须制订有效的安全措施，并由专人负责，方能作业。

（14）在封孔过程中，压风不足 0.25MPa 时，不得封孔。可以根据风压情况随时打开底风阀门，关闭出料阀门，以提高罐内压力。待罐内压力提高后继续喷料封孔。

第六节 囊袋封孔器

囊袋封孔器以带压注浆封孔工艺为理论依据，主要适用于煤矿井下各种钻孔的封孔。利用注浆泵将封孔剂配比后的浆液通过注浆管把封孔器顶端囊袋快速充填、膨胀，与钻孔壁紧密接触，形成密闭区域，达到一定压力后，开始充填下一个囊袋，直至注浆至底部最后一个囊袋。从而实现多层封孔并支撑孔壁，保证良好的密封效果。

一、产品型号

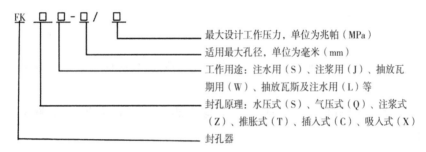

示例：（1）FKZW-150/1.5 表示最大适用孔径为 150mm、最大设计工作压力为 1.5MPa 的抽放瓦斯用注浆式囊袋封孔器。

（2）FKSJ-150/1.5 表示最大适用孔径为 150mm、最大设计工作压力为 1.5MPa 的水压式注浆用囊袋封孔器。

二、产品结构示意图

见图 4-11、图 4-12。

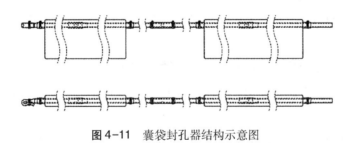

图 4-11 囊袋封孔器结构示意图

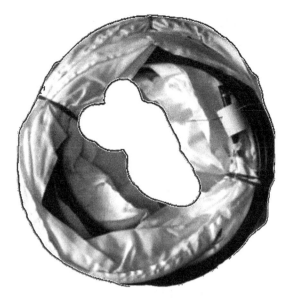

图 4-12　囊袋封孔器实物图

三、产品的主要用途及使用环境

（1）本封孔器的封孔原理为水压式封孔器；主要用途为注浆、抽放瓦斯及注水用。

（2）封孔器在以下环境中正常工作：

1）温度：0~40℃。

2）具有甲烷气体和粉尘爆炸危险的煤矿井下。

3）注浆压力：正常工作压力为 0.5MPa，工作压力上限为 0.7MPa，下限为 0.2MPa。

四、产品的适用参数

1. 适用孔径

封孔器达到设计封孔效果的钻孔直径。本封孔器适用孔径 75~95mm。

2. 规格尺寸

单个囊袋长度不小于 500mm，允许公差为设计长度的±1.0%。

外径按照钻孔直径具体确定，允许公差为设计外径±2.0mm。

3. 自由膨胀外径

本封孔器在设计工作压力上限为 0.5MPa 情况下的自由膨胀外径范围为：80~160mm。

4. 最小爆破（卸载阀）压力

最小爆破压力为2.1MPa。

5. 封孔力

封孔器在其设计工作压力上限工作状态下，稳定3min后，10min内，其位移量不大于5mm。

五、使用方法及注意事项

井下封孔作业是个系统工作，各个环节相互联系，封孔工作涉及的材料、设备、封孔质量要求等若有一个环节出了问题，就可能导致封孔工作不能正常进行，更有可能造成封孔失败，所以在封孔时应将各个环节有机地结合在一起，保证封孔作业的顺利完成。

1. 检查

封孔器表面不应有气泡、裂口、凹陷、骨架层外露、缺胶、鼓包、脱胶和机械杂质等缺陷。

2. 下井前准备

在下井封孔前，在地面首先确认下井封孔所需的封孔袋、封孔剂、注浆泵、连接器等材料型号和数量是否准备准确、充足，然后运输至井下指定位置；确认封孔所需的其他风管、接头、水管等工具是否准备齐全；确认封孔地点的水、风是否到位。

3. 封孔前准备

钻孔施工到终孔后，不能立即退钻，对于上向孔和平孔，应继续用水将钻孔内的钻屑冲出，防止钻屑过多阻塞封孔袋下入钻孔；对于下向孔，除了用水将钻孔内的钻屑排出外，最后还应换用压风，将孔底的积水和碎屑吹出，防止积水和碎屑过多，妨碍封孔效果。

4. 插入封孔袋封孔器

对于易塌孔地段，要求成孔之后及时插入抽采管及封孔袋封孔器，否则可能出现塌孔现象而造成封孔失败。

（1）检查封孔器长度

根据封孔要求检查封孔器的长度，并检查倒刺装置完好性。

（2）插入封孔袋

首先将炸药和雷管装入被筒中，然后将最后一节的倒刺装置连接好被筒和封孔器，检查连接牢固后用炮杆一起推入钻孔底部，待到达钻孔底部后，轻轻抽出炮杆，并试探性拽拉注浆管，使注浆管拽直，插入封孔袋工作结束。

（3）连接注浆泵

封孔袋和炸药等插入钻孔后，将封孔袋的注浆管和注浆泵相连，准备注浆。

5. 注浆封孔

开始注浆时，先缓慢打开注浆阀门，待管路稳定后，再增大注浆压力，此时可以观察到出浆口的压力表压力逐渐增大，待第一个封孔袋注满后，此时可以观察到出浆口的压力表压力突然降低，表明第二个止回阀已打开，开始对第二个封孔袋进行注浆，依次交替完成所有封孔袋的注浆工作。随着浆液的注入，出浆口的压力表的压力开始逐渐增大，待表压在 0.5MPa 左右时暂停注浆，此时观察压力表，若压力表的读数稳定，则可停止注浆。

6. 冲洗注浆泵

注浆完毕后，对注浆泵及管路进行清洗，悬挂钻孔表示牌，封孔工序结束。

7. 钻孔起爆

注浆结束 0.5～1h 后，将钻孔外露出的雷管连接线与放炮母线连接，按照爆破相关要求进行起爆。

第七节　深孔爆破快速装药技术

一、深孔爆破安全施工装备选型

爆破断顶所需设备工具见表 4-7。

1. 施工装备配套选型

针对顶板爆破钻孔施工进度慢的问题，应对不同孔径爆破孔进行装备选型配套，小孔径爆破孔采用 MYT-140/320 液压锚杆钻机配合直径 42mm 专用合金钻头，成孔直径 44～46mm；大孔径爆破孔采用 CMS1-1450/37 液压钻车配合直径 75mm 专用合金钻头，成孔直径 75～76mm；此外，爆破孔还可以根据现场岩性及实际施工条件选择 80～100mm 直径，此时定向被筒及封孔工艺需要具体设计。

2. 专用装置选型

选用 P63 系列专用被筒，装药安全性和快速性得到了极大提高，基本已经满足了安全快速装药目的。并配套使用 SJHS60/200 型袋装封孔剂和 FQ-50 风动封孔器以解决不同工况条件下封孔速度慢、封孔效果差的问题。若爆破孔施工完毕后出现涌水情况，则采用封闭式被筒进行装药，并配套使用高强早凝型袋装封孔剂进行封孔，若爆破孔施工完毕后情况正常，则采用常规被筒进行装药，并配套使用 FQ-50 风动封孔器和黄泥炮泥进行封孔。

爆破断顶所需设备工具（示例）　　　　　　　　表4-7

序号	名称	型号	数量
1	液压钻车	CMS1-1450/37	1台
2	地质钻头	ϕ75mm	1个
3	地质钻杆	ϕ50mm×1000mm	30条
4	煤矿许用三级乳化炸药	ϕ27mm×300mm×200g	若干
5	电源引线	矿用防爆型	若干
6	煤矿许用毫秒延期电雷管	1~5段同号	1套
7	定向被筒	ϕ63mm×1500mm	1套
8	加长炮棍	专用炮杆（ϕ40mm）	1套
9	黏土炮泥	FQ-50风动封孔器专用	若干
10	风动封孔器	FQ-50	1台
11	袋装封孔剂	SJHS60/20	若干
12	水炮泥	矿用阻烟型	若干
13	放炮母线	MHJYV	300m
14	发爆器	FD-200D型	1台

二、快速装药工序设计

主要施工工艺：准备钻机→施工钻孔→装药定炮→爆破孔封孔→爆破→效果验证。

针对不同矿井实际情况，将深孔爆破工艺进行了优化设计，如图4-13所示，图中所示各环节均根据现场不同条件进行了专项设计，并及时对爆破效果进行了验证，且反馈到下一循环深孔爆破中，实时调整爆破参数，以达到最优效果。

施工进度计划是项目建设和指导工程施工的重要技术经济文件。了解施工进度计划的内容、作用、任务、种类及表示方法等相关知识以便来更好地对施工进度计划进行编制，从而达到切实保证施工进度计划在工程中实际指导应用的重要性。进度控制是施工阶段的重要内容，是质量、进度、安全三大建设管理环节的中心，直接影响到工期目标的实现。工期控制是实现项目管理目标的主要途径，施工项目进度控制与质量控制、成本控制一样；是项目施工中的主要内容之一，是实现项目管理目标的主要有效途径。

本章节对于不同煤矿深孔爆破施工进度进行了示范设计，如表4-8所示，该计划表对施工准备、工程施工、工程验收均进行了细化，并在转运钻机、施工钻孔、岩性观测、爆破器材准备、集中爆破、尾工处理、钻孔复测、分析总结等方面与现场生产进行了穿插，最大程度避免了爆破造成的生产影响。

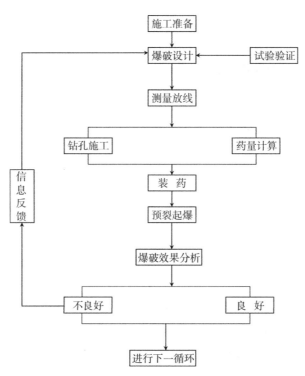

图 4-13 深孔顶板预裂爆破快速装药工艺流程示意图

采取提前打眼、集中爆破的工艺，即提前准备好深孔爆破眼，集中一个班次逐个爆破。

深孔顶板预裂爆破施工进度计划表（示例）　　　　表 4-8

工序编号	工序名称	工序时间（d）	施工进度 3 月份													
			1	2	3	4	5	6	7	8	9	10	11	12	13	14
1	转运钻机	1	▬														
2	施工钻孔	8		▬▬▬▬▬▬▬▬▬													
3	岩性观测	8		▬▬▬▬▬▬▬▬▬													
4	爆破器材准备	1										▬					
5	集中爆破	3															
6	尾工处理	2													▬▬		
7	钻孔复测	2															
8	分析总结	12			▬▬▬▬▬▬▬▬▬▬▬▬												

爆破工艺：准备爆破孔，并确保孔内无堵塞→准备定向被筒、专用炮杆、炸药、雷管等材料及专用工具→定炮、安装雷管，固定电源引线→将装满炸药的定向被筒依次送入孔底→依次填入水炮泥、炮泥，将炮眼封实→连线、起爆。

三、爆破施工步骤及注意事项

1. 装药操作步骤

（1）使用专用定向被筒作为炸药的载体，每个爆破载体装药量为8块，雷管2发。

（2）装药方式采用正向装药。

（3）起爆药卷必须用2发同段毫秒延期电雷管并联连接，并固定于定向被筒内。

（4）按钻孔设计依次装入规定数量的爆破载体，在最外面的爆破载体筒底部100mm位置用8号镀锌钢丝穿透两壁，防止爆破载体脱落。

（5）封孔：封孔材料为炮泥、水炮泥，使用专用炮杆定炮。根据《煤矿安全规程》规定，深孔爆破时封孔长度不少于钻孔深度的1/3。

（6）连线：爆破载体内雷管采用并联连接，爆破载体之间雷管采用并联连接，雷管脚线与引线的连接部位要用绝缘胶布密封好。

（7）起爆方式：使用FD-200D型发爆器起爆。

2. 爆破操作注意事项

（1）装药前，先将与定向被筒相同直径的专用炮杆送入孔底，来回抽拉投药筒清除炮眼内的煤粉或岩粉，直至孔内畅通为止。

（2）专用炮杆测定钻孔深度符合设计要求，按规定数量装药；若钻孔深度不小于15m，使用此钻孔装药时，必须保证封泥长度满足1/3以上；如钻孔深度小于15m时，该钻孔严禁装药。

（3）装药、封孔过程中应安排专人指挥整个过程，同时钻孔侧下方应站一人员把好投药筒方向，防止投药过程出现偏差挤断放炮引线。

第五章

深孔双向聚能爆破规律研究

第一节 深孔岩石双向聚能爆破方法

一、双向聚能爆破方法

双向聚能拉伸爆破是在传统光面爆破和聚能爆破技术的基础上发展起来的一种岩石定向断裂爆破技术。其概念是指将特定规格的药包装入按一定角度在两个设定方向有聚能效应的聚能装置，药包起爆后，炮孔壁在非设定方向上均匀受压，而在设定方向上集中拉伸，致使岩体按设定方向拉裂成型。

双向聚能拉伸爆破利用了岩石耐压但怕拉的特性，利用拉应力来断裂岩体。因此，对高强度岩体的定向断裂爆破尤为实用。该技术具有以下特点：

（1）工艺简单，操作方便。应用时，对钻眼没有特殊要求，不需改变凿岩、爆破工序，只需在爆破断面的周边眼或控制方向上的炮孔中采用双向聚能装置装药，而其他炮孔仍采用常规装药方式；因此，该技术易于现场推广应用。

（2）利用岩体抗压怕拉的特性。提高了能量利用效率，而且相应加大了炮孔间距，减少了钻眼工作量。

（3）超挖石方少，周边眼痕率高，成型质量好，炮眼利用率高，减少了清运石方及衬砌支护工作量，加快了施工进度。

（4）爆破的炮震影响范围小，围岩损伤轻。保护了围岩的完整性，有利于工程岩体的支护与稳定，为后续施工创造了有利条件。

（5）可实现高强度岩体的复杂断面一次成型爆破，社会、经济效益显著。

二、双向聚能破岩机理

双向聚能拉伸爆破是通过双向聚能装置的聚能效应来实现岩石的定向断裂。先将药卷按设计装药结构装入双向聚能装置，然后将聚能装置送入炮孔，使聚能方向与断裂控制方向一致，并封堵炮孔。当炸药引爆后，聚能装置对先期爆轰产物产生瞬时抑制和导向作用。爆轰产物优先从装置的聚能孔卸压释放，在每一聚能孔处形成高能流，集中作用于对应的炮孔壁，使控制方向优先产生塑性破碎区和径向初始裂纹。爆轰产生的高温、高压、高速气体继应力波之后仍优先作用于聚能方向对应的孔壁，涌入径向初始裂缝，在其中产生"气楔"作用。依据断裂力学理论，当裂纹尖端的应力强度因子超过岩石的断裂韧度时，裂纹失稳，驱动裂纹扩展。由此为后续压缩应力波不断提供新的自由面，压缩应力波经自由面反射转变为拉伸波；因此，在垂直裂纹的扩展方向上产生拉应力集中，加速裂纹扩展。整个爆破过程中，不断往复进行上述过程，直至炮孔中炸药耗尽，其最终结果为岩体沿设定方向拉张开裂。

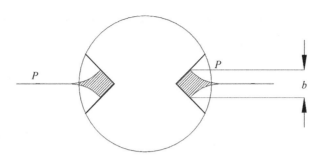

图 5-1　爆轰流作用示意图

如图 5-1 所示，定向聚能成缝是在炮孔之间的连线方向上首先形成初始裂缝，当炸药爆炸时，聚能装药结构的药包在一个方向产生一定宽度 b 的爆轰产物聚能流，先期到达炮孔表面，产生定向裂隙。

第二节　爆破数值模拟软件介绍

LS-DYNA 是一个显式非线性动力分析通用有限元程序，可以求解各种二维和三维非线性弹性结构的高速碰撞、爆炸和模压等大变形动力响应。在工程应用领域被广泛认可为最佳的分析软件包。与试验的无数次对比证实了其计算的可靠性。ANSYS 公司于 1996 年将 LS-DYNA 与 ANSYS 前后处理连接（即对 ANSYS 进行二次开发），称为 ANSYS/LS-DYNA，大大加强了 LS-DYNA 的前后处理能力和通用性。

一、LS-DYNA 动力平衡方程

由虚功原理可以求得某一运动体各点的有限元动力平衡方程：

$$|M| \{\ddot{u}\} + |C| \{\dot{u}\} + |K| \{u\} = \{R(t)\} \tag{5-1}$$

式中　$\{\ddot{u}\}$、$\{\dot{u}\}$、$\{u\}$ ——t 时刻的节点加速度、速度和位移向量；

　　　$|M|$ ——集中质量矩阵；

　　　$|C|$ ——阻尼矩阵；

　　　$|K|$ ——刚度矩阵；

　　　$R(t)$ ——t 时刻的等效节点载荷。

在本次模拟中采用瑞利阻尼，即：

$$|C| = \alpha |M| + \beta |K| \qquad\qquad (5-2)$$

二、介质的本构方程

柱状炸药在药孔中爆炸后，除在药孔周围一定范围内产生大变形破坏和弹塑性变形外，爆炸波在煤岩体中的传播大部分区域均可以视为弹性区域，特别是对于研究半无限煤岩体爆破孔这样的问题而言，主要考虑的是介质中爆炸引起的振动在距离爆心较远的区域的传播及其规律，该区域中波的传播可以视为弹性波。因此介质的本构方程可以写为：

$$\sigma_\lambda = |M| \varepsilon_\lambda \qquad\qquad (5-3)$$

式中　　$|M|$——弹性矩阵，与弹性模量 E、泊松比 γ 有关。

三、无反射边界

由于有限元计算只能采用有限尺寸体，而在爆炸载荷作用下的问题实际上可以认为是半无限体局部表面作用动载问题。所以，采用有限元计算预裂爆破，必须从半无限体中截取有限体来进行模拟计算，这就必然带来一个边界条件问题。采用 Lysmer 等提出的人为阻尼边界，该阻尼边界上的法向应力和剪应力分别为：

$$\sigma_\theta = - a\rho c_p v_n \qquad\qquad (5-4)$$

$$\tau_n = b\rho c_s v_s \qquad\qquad (5-5)$$

式中　　a、b——计算参数，对体波通常取值1.0；

　　　　ρ——岩体密度（kg/m³）；

　　c_p、c_s——P 波和 S 波的波速（m/s）；

　　v_n、v_s——边界上介质的法向速度和切向速度（m/s）。

以上对边界的处理，只要有关参数取值合适，就能达到较高的计算精度。v_n、v_s 的准确值难以确定，只能给出近似值，这就不可避免地给计算结果带来了一定的误差。若通过计算结果反复校对修正边界条件，势必造成耗时和工作量的成倍增加。

为了解决上述矛盾，本次模拟采用无反射边界来处理这一问题。无反射边界（non-reflectingboundary）又称透射边界（transmitting boundary）或无反应边界（silent boundary）。无反射边界根据虚功原理将边界上的分布阻尼转化成等效节点力加到边界上，即列出所有组成无反射边界的单元，在所有无反射边界单元上加上黏性正应力和剪应力。

第三节 数值模拟建立爆破计算模型

一、模型建立

以工作面顶板砂岩为研究对象，建立计算模型，爆破孔装药直径为76mm，具体模型如图5-2所示。

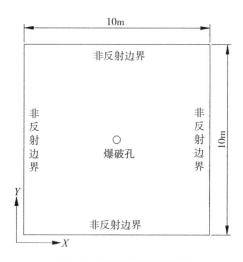

图5-2 岩石爆破计算模型

二、边界条件

考虑到深孔爆破是一个超动态的瞬间过程，要想测量模型的上下部边界和左右边界的位移比较困难，因此 Z 方向采用零位移边界条件，X、Y 方向采用非反射边界，如图5-2所示。具体边界条件设置参数如下：

（1）模型顶部和底部为单约束边界，施加垂直方向（Y 轴方向）的约束，即边界垂直（Y 轴方向）位移为零（$v=0$）；

（2）模型两侧为单约束边界，施加水平方向（X 轴方向）的约束，即边界水平（X 轴方向）位移为零（$u=0$）。

三、煤岩物理力学参数

煤岩物理力学参数见表5-1。

煤岩物理力学参数									表 5-1
密度 (kg/m³)	弹性模量 (MPa)		泊松比	临界能量 释放率 (kg/m)	抗压强度 (MPa)		抗拉强度 (MPa)		
	静力	动力			静载	动载	静载	动载	
1.4×10³	3.1×10³	6×10⁴	0.21	28	75	200	6.9	30	

四、爆炸载荷

由于在爆炸场的数值模拟中，炸药的爆轰产物的压力波动范围很大，从几十万个大气压到低于一个大气压，很难找到一个适合所有范围的状态方程。JWL 状态方程能精确描述凝聚炸药圆桶试验过程，且具有明确的物理意义，因而在爆炸数值模拟中得到了广泛应用。文中对高能炸药的爆轰产物采用 JWL 状态方程，其状态方程的一般形式如下：

$$P = A\left(1 - \frac{\omega}{R_1 V}\right)e^{-R_1 V} + B\left(1 - \frac{\omega}{R_2 V}\right)e^{-R_2 V} + \frac{\omega E_0}{V} \tag{5-6}$$

式中　A、B——炸药特性参数（GPa）；

　R_1、R_2，ω——炸药特性参数，无量纲；

　　　　P——压力（MPa）；

　E_0、V——爆轰产物的内能和相对体积（MJ、m³）。

模拟的炸药具体参数如表 5-2 所示。

炸药参数表								表 5-2
密度 (kg/m³)	爆速 (m/s)	A (GPa)	B (GPa)	R_1	R_2	ω	R_{cj} (GPa)	E_0 (MJ)
1000	3000	214	0.182	4.15	0.95	0.3	0.042	1.0

第四节　爆破数值模拟结果分析

一、常规爆破模拟结果

通过 LS-PrePost 程序对模拟结果进行后处理，具体分析爆破过程中能量、位移、速度、加速度等参量。具体结果及过程如图 5-3 ～图 5-12 所示。

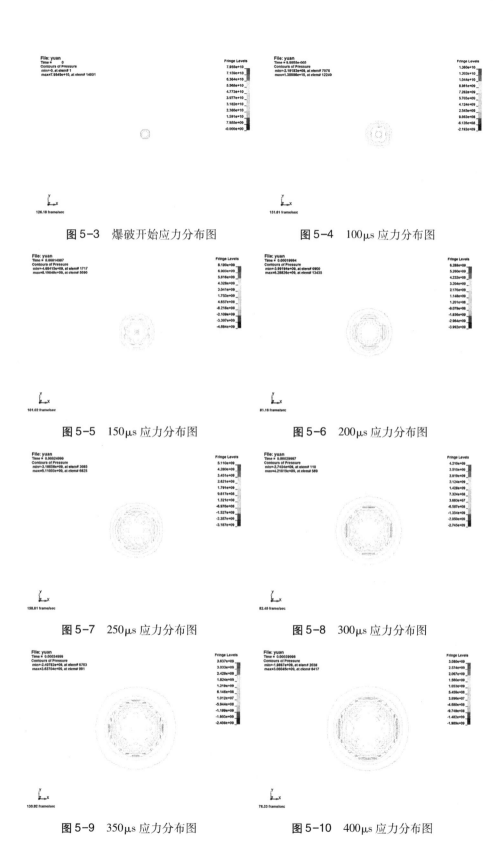

图 5-3　爆破开始应力分布图

图 5-4　100μs 应力分布图

图 5-5　150μs 应力分布图

图 5-6　200μs 应力分布图

图 5-7　250μs 应力分布图

图 5-8　300μs 应力分布图

图 5-9　350μs 应力分布图

图 5-10　400μs 应力分布图

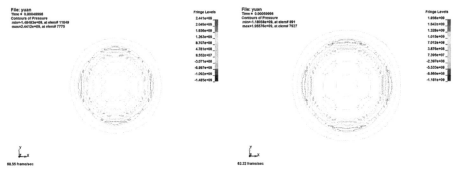

图 5-11　500μs 应力分布图　　　　图 5-12　600μs 应力分布图

由图 5-3～图 5-12 可知，在爆破过程中，由爆破孔装药爆破所产生的应力波均是以爆孔为中心，呈类同心圆状向周围煤岩体传播，爆破持续时间较短，应力集中情况较为明显，在 150μs 时拉应力达到最大，接近 500MPa，而且可以较为明显地看出应力波的传播基本是拉压应力交互传播，煤岩在该交替作用下出现破裂，如图 5-13～图 5-21 所示。

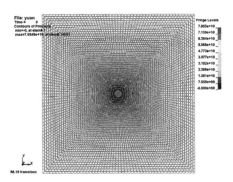

图 5-13　爆破开始模型网格

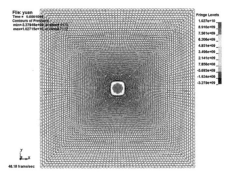

图 5-14　100μs 模型网格

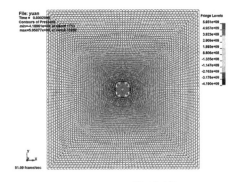

图 5-15　200μs 模型网格

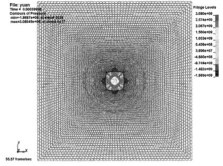

图 5-16　300μs 模型网格

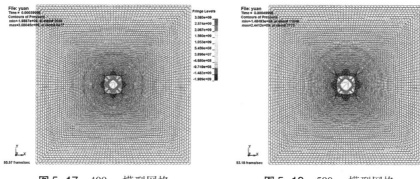

图5-17　400μs 模型网格　　　　　　　图5-18　500μs 模型网格

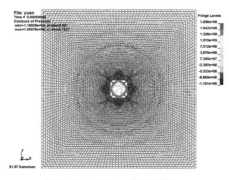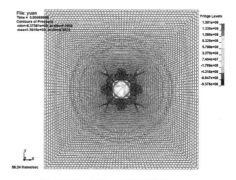

图5-19　600μs 模型网格　　　　　　　图5-20　700μs 模型网格

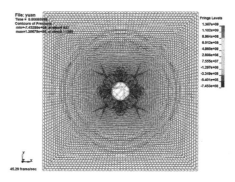

图5-21　800μs 模型网格

由图5-13～图5-21所示的裂隙区发育来看，爆破孔周围受爆轰作用形成了几条主要的纵向裂隙和环向裂隙，而且裂隙发育随着爆破反应的进行在不断扩展发育，可见，深孔爆破对于煤岩裂隙发育具有较好效果。

由图5-22、图5-24所示的模型 X 方向与总位移曲线可以看出随着爆破的进行各个方向的位移出现持续增加趋势，图5-23所示的 Y 方向位移变化随时间出现了波动，但总体还是呈现位移绝对值增长趋势。

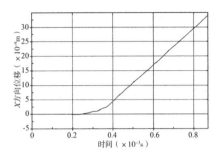

图 5-22　爆破 X 方向位移-时间曲线

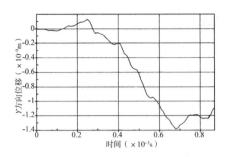

图 5-23　爆破 Y 方向位移-时间曲线

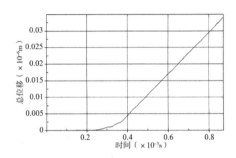

图 5-24　爆破总位移-时间曲线

由图 5-25～图 5-27 所示的模型 X 方向、Y 方向与合量速度-时间曲线可以看出随着爆破活动的进行各个方向的速度呈现波动情况，在爆破初期各方向质点速度值较低，主要是由于爆破开始阶段炸药能量激发需要一定时间，因此会出现上述现象，当炸药能量激发后会出现速度急剧上升阶段，然后质点速度就会在震荡中保持平衡，此时主要是爆生气体全部产生，并进一步作用于煤岩体内，激发裂隙的产生与发育。

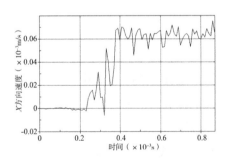

图 5-25　爆破 X 方向速度-时间曲线

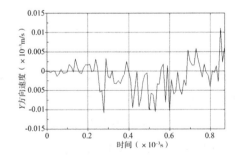

图 5-26　爆破 Y 方向速度-时间曲线

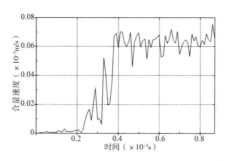

图 5-27　爆破合量速度–时间曲线

由图 5-28～图 5-30 所示的模型 X 方向、Y 方向与合量加速度–时间曲线可以看出爆破开始阶段各质点比较稳定，基本处于平衡阶段，但炸药能量激发后就出现了加速度急剧增加阶段，在加速度振幅方面表现明显，炸药激发过程结束后，由于应力波与爆生气体的作用，各质点加速度还会出现变化，但较前述反应阶段转为平缓。

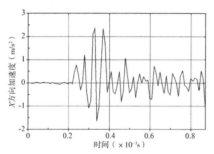

图 5-28　爆破 X 方向加速度–时间曲线

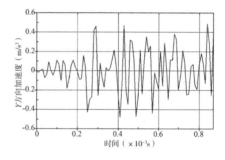

图 5-29　爆破 Y 方向加速度–时间曲线

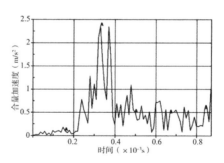

图 5-30　爆破合量加速度–时间曲线

图 5-31、图 5-32 所示为爆破过程中的能量随时间变化曲线，从曲线中可以看出，爆破发生时动能出现了急剧升高趋势，对应势能出现了降低趋势，可见动能对于煤岩的破坏较为明显，而后随着爆炸反应的继续动能逐步降低，势能逐步升高，该阶段与炸药爆轰反应较为接近。

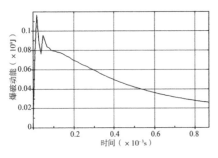

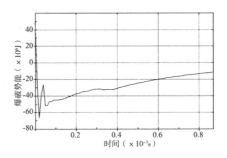

图 5-31　爆破动能-时间曲线　　　　　图 5-32　爆破势能-时间曲线

　　通过对单孔爆破数值的模拟可以看出，爆破对于煤岩体的确存在较为明显的致裂效果，但是从动能与势能转换及网格裂隙发育来看炸药能量多数作用在了产生粉碎区阶段，而不能很好地起到裂隙发育效果，因此对该类爆破应进行改进，尽量采取聚能技术，使大部分炸药能量集中在致裂煤岩作用中，最终达到减少炸药用量，提高爆破致裂坚硬顶板的效果。

二、双向聚能爆破模拟结果

　　通过 LS-PrePost 程序对双向聚能爆破模拟结果进行后处理，具体分析爆破过程中的能量、位移、速度、加速度等参量。具体结果及过程如图 5-33 ~ 图 5-36 所示。

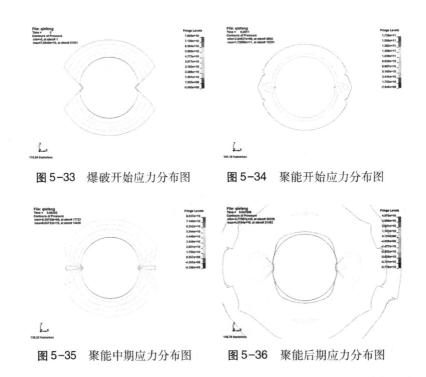

图 5-33　爆破开始应力分布图　　　图 5-34　聚能开始应力分布图

图 5-35　聚能中期应力分布图　　　图 5-36　聚能后期应力分布图

由图 5-33 ~ 图 5-36 所示可知，在聚能爆破过程中，爆破开始阶段由于聚能槽的强度效应，在聚能槽位置有一定的应力阻隔，但随着聚能效应的产生，聚能槽位置很快就出现了较为明显的应力突出，聚能效果非常明显。

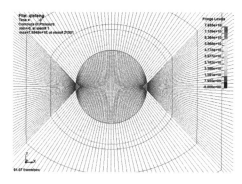

图 5-37　爆破开始模型网格

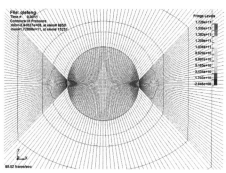

图 5-38　聚能开始模型网格

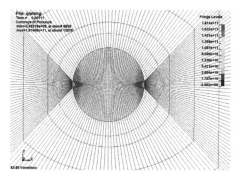

图 5-39　聚能过程模型网格

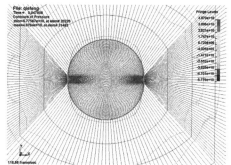

图 5-40　聚能后期模型网格

由图 5-37 ~ 图 5-40 所示的裂隙区发育来看，爆破孔聚能槽附近网格在聚能作用下出现了一定程度的集中变形，可见，利用聚能槽聚能具有较好效果。

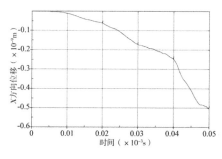

图 5-41　聚能爆破 X 方向位移-时间曲线

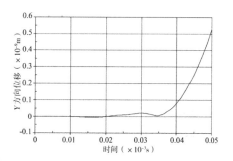

图 5-42　聚能爆破 Y 方向位移-时间曲线

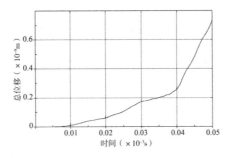

图 5-43　聚能爆破总位移-时间曲线

由图 5-41 所示为模型 X 方向位移曲线可以看出随着聚能爆破的进行，X 方向的位移出现降低趋势，主要原因是聚能方向决定了位移方向，由图 5-42、图 5-43 所示 Y 方向与总位移曲线，可以看出聚能方向位移出现较大增量。

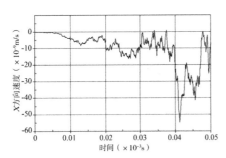

图 5-44　聚能爆破 X 方向速度-时间曲线

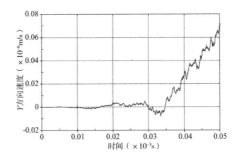

图 5-45　聚能爆破 Y 方向速度-时间曲线

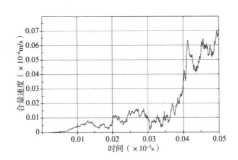

图 5-46　聚能爆破合量速度-时间曲线

由图 5-44 ~ 图 5-46 所示的模型 X 方向、Y 方向与合量速度-时间曲线可以看出，随着聚能爆破的进行各个方向的速度呈现波动情况，在爆破初期各方向质点速度值较低，主要是由于爆破开始阶段炸药能量激发需要一定时间，聚能槽改变了爆破速度增量的方向性。

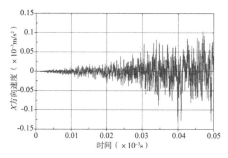

图 5-47 聚能爆破 X 方向加速度-时间曲线

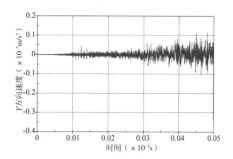

图 5-48 聚能爆破 Y 方向加速度-时间曲线

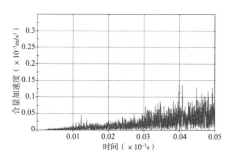

图 5-49 聚能爆破合量加速度-时间曲线

　　由图 5-47~图 5-49 所示的模型 X 方向、Y 方向与合量加速度-时间曲线可以看出，聚能爆破开始阶段各质点比较稳定，基本处于平衡阶段，但炸药能量激发后就出现了加速度急剧增加阶段，在加速度振幅方面表现明显，炸药激发过程结束后，由于应力波与爆生气体的作用，各质点加速度还会出现变化，但较前述反应阶段转为平缓。

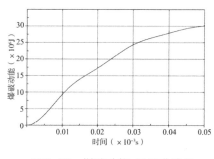

图 5-50 爆破动能-时间曲线图

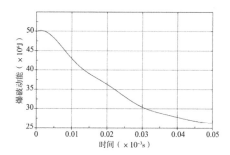

图 5-51 爆破势能-时间曲线

　　图 5-50、图 5-51 所示为聚能爆破过程中的能量随时间变化曲线，从曲线中可以看出，聚能爆破发生时动能出现了急剧升高趋势，对应势能出现了降低趋势，可见动能对于煤岩的破坏较为明显。

第六章

基于现场试验的定向爆破断顶技术案例一

第一节 煤矿典型工作面覆岩整体空间结构形态

一、6305、6306 工作面覆岩空间结构

以某矿 6305、6306、6307、5305 工作面为例，系统分析不同回采条件下工作面覆岩空间结构和应力分布特征，对某矿相似条件工作面顶板处理参数确定具有指导意义。

6305 工作面为某矿 630 采区首采工作面，该工作面设计开采煤层为 3 煤，该采区煤层厚度 8.85 ~ 10.70m，平均厚度 9.60m，煤层倾角 1° ~ 10°，平均 4°，6305 工作面概况如表 6-1 所示。6306 工作面为某矿 630 采区第二个工作面，工作面四邻无采掘情况，且工作面上方无可采煤层，下方各煤层均未开采，与 6305 采空区间隔距离为 130m，6306 工作面概况及位置如表 6-1、图 6-1 所示。

6305、6306 工作面概况　　　　　　　　　表 6-1

	煤层名称	3 煤	水平名称	-990 水平	采区名称	630 采区
6305 概况	工作面名称	6305	地表标高（m）	+34.6 ~ +38.5	工作面标高（m）	-908.0 ~ -945.0
	走向长度（m）	1596	倾斜长度（m）	65		
	井下位置及四邻采掘情况	6305 工作面北接 630 采区轨道大巷，工作面四邻无采掘情况，且垂直上下方各煤层均未开采，无采空区				
6306 概况	煤层名称	3 煤	水平名称	-990 水平	采区名称	630 采区
	工作面名称	6306	地表标高（m）	+35.7 ~ +38.7	工作面标高（m）	-947.9 ~ -899.8
	走向长度（m）	1575	倾斜长度（m）	60		

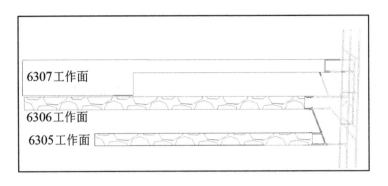

图6-1 某矿630采区工作面位置图

6305、6306工作面长度不足100m，且间隔130m煤柱，工作面开采后其上覆岩层出现"O-X"型破断，该类型空间结构是覆岩空间结构演化的基本形式，同时也是其他空间结构形式的边界条件与演化过程的重要组成部分。

"O-X"型工作面四周边界条件为实体煤或足以隔断采空区联系的大煤柱，断裂后岩体能够形成平衡结构，一定条件下保持稳定。随着采区内工作面连续大尺度回采，与柱台形旋转体相邻的边界顶板覆岩也会发生破断，正是由于此区域的活动，进一步诱发了采空区平衡结构的二次失稳，造成振动现象频发，受煤壁支撑影响角的作用，覆岩破断不断向上发展，不同层位的"O-X"结构空间上将形成柱台形旋转曲面体，当工作面上覆岩层存在坚硬厚层老顶时，来压步距大，扰动强；存在多层亚关键层时，在满足一定条件时会出现关键层的复合破断，工作面的矿压显现更为强烈。"O-X"结构形态与范围受本工作面宽度、煤层厚度、关键层层位与物理力学性质影响，关键层形成的岩体结构划分为"横三区""竖三带"，如图6-2所示。

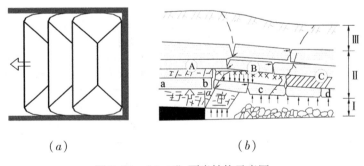

(a)   (b)

图6-2 "O-X"覆岩结构示意图

(a)"O-X"结构平面图；(b)沿走向剖面的"三带三区"

A—煤壁支承影响区（a-b）；B—离层区（b-c）；C—重新压实区（c-d）；

α—支撑影响角；I—垮落带；II—裂缝带；III—整体弯曲下沉带

二、6307 工作面覆岩空间结构

如图6-3（a）所示，6307 工作面为 630 采区第三个回采工作面，西南至井田边界煤柱，东南8m（外段非沿空段130m）为已回采结束的6306 工作面，西部为未开拓的实炭区，6307 工作面概况如表6-2 所示。

图6-3（b）所示为6307 工作面 A-A 剖面覆岩结构示意图，可以简单概括为"长臂'F'覆岩结构"。即受单工作面回采影响，竖向剖面覆岩由下至上依然划分为"竖三带"，而横向上由实体煤至采空区的"横三区"则为：冒落压实区（Ⅰ）、离层结构区（Ⅱ）、"F"臂结构区（Ⅲ），Ⅱ、Ⅲ区是组成"F"结构的岩臂，它们在本工作面开采后的稳定性，以及相邻工作面采动作用下，与尚未断裂的岩层协同作用，发生的二次运动与失稳，将对开采工作面造成巨大影响。在Ⅰ、Ⅱ、Ⅲ区中，当在采空区尚未稳定的情况下，Ⅰ区将继续下沉压实，并将导致Ⅱ区的旋转下沉，Ⅱ区的运动，也必然使Ⅲ区的应力环境恶化，使其受到的侧向夹持力减少。6307 工作面后期缩面回采后剖面覆岩结构又重新归为"O-X"型，不再赘述。

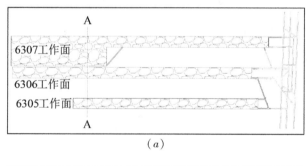

（a）

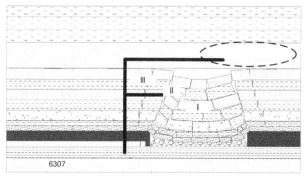

（b）

图6-3 某矿6307 工作面位置示意

（a）6307 工作面俯视图；（b）A-A 剖面覆岩结构示意

	煤层名称	3 煤	水平名称	-990 水平	采区名称	630 采区
6307 概况	工作面名称	6307	地表标高（m）	+35.1 ~ +38.7	工作面标高（m）	-943.1 ~ -905.1
	走向长度（m）	1702	倾斜长度（m）	192.45/70.2		
	井下位置及四邻采掘情况	上方无可采煤层，下方其他煤层均未开采				

6307 工作面为长臂"F"结构，相邻采空区处于不充分采动阶段，当工作面推进步距达到一定尺度后，组成长臂的关键层开始协同运动，由均匀缓慢下沉变成分层破断来压，导致来压次数增多，强度加大。因此，对于长臂"F"结构工作面，各关键层来压期间的冲击危险是最大的。

三、5305 工作面覆岩空间结构

如图 6-4（a）所示，5305 工作面为 530 采区第五个工作面，所采 $3_上$ 煤层厚度为 1.2 ~ 5.7m，平均厚度 4.39m，煤层结构简单，煤层倾角 1° ~ 12°，平均 4°，工作面概况如表 6-3 所示。

	煤层名称	$3_上$ 煤	水平名称	-990 水平	采区名称	530 采区
概况	工作面名称	5305	地面标高（m）	+35.1 ~ +38.5	工作面标高（m）	-975.0 ~ -885.9
	走向长（m）	2329/2447	倾向长（m）	234.8	面积（m²）	395473.06
	地面位置	5305 工作面地面位于京杭运河南岸 1200m 左右，呈东南—西北走向，与运河近平行，老运河从工作面西南上方穿过，地面大部为农田，地势平坦。5305 工作面皮带顺槽东南段位于胡东村东北 76m 处（距安居第三中学和胡营小学分别为 64m 和 104m）				
	井下位置及四邻采掘情况	5305 工作面位于南部回风大巷西侧，工作面东北部为 5304 采空区，西、南面均为未开拓的实炭区，工作面垂直上下方各煤层均未开采，无采空区				

与长臂"F"覆岩结构类似，当相邻工作面开始回采后，顶板的断裂与冒落是不可避免的，层位较低的Ⅲ区岩层将直接进入开采工作面的冒落带或裂隙带，层位较高的岩层会作为新离层结构区的边界，在煤柱破坏、覆岩运动的作用下，发生二次破断运动，继续影响采空区中Ⅱ区的稳定，当覆岩关键层断裂时，就形成了短臂"F"覆岩结构，如图6-4（b）所示。

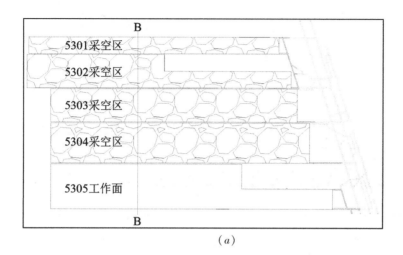

（a）

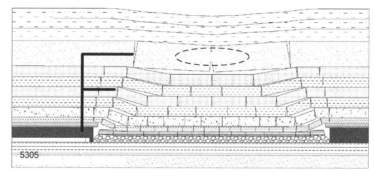

（b）

图6-4　5305工作面位置示意图

（a）5305工作面位置俯视图；（b）B-B剖面覆岩结构示意

短臂结构工作面一侧采空区上覆岩层中各关键层已经断裂，采空区处于充分采动状态。当单一工作面宽度达到200m后，工作面即成为全空间结构，地表形成明显的下沉盆地（图6-5）。

除了以上"O-X""F"型覆岩结构，另外还存在"T"型空间结构，即由于地质条件、开采技术等因素导致采区内形成孤岛工作面，其不但受上覆岩层破断与失稳影响，同时还受两侧或两侧以上"F"结构的影响。孤岛工作面应力集中程度高、覆岩运动剧烈，矿压显现强于非孤岛工作面，极易出现冲击地压动力灾害。由于孤岛工作面四周覆岩均已发生断裂，工作面开采后四周覆岩与工作面顶板岩层将协同运动、相互影响，导致孤岛工作面支承压力场峰值高、扰动远、变化快。

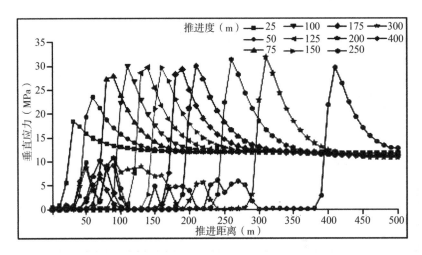

图 6-5　工作面宽度 200m 不同推进阶段煤层应力分布

第二节　某矿不同条件下坚硬顶板深孔爆破参数设计

一、厚煤层顶板深孔爆破参数设计

3311 工作面为某矿 330 采区第十个回采工作面。井下西南接 330 辅助轨道巷，东面 100m 处为正在回采的 3310 工作面；西面为未开拓的实炭区，巷道切眼位置北侧为井田边界，与临矿的 -725 西大巷相距 220m。地面位于文郑村正下方、南张镇文郑锻件厂西侧约 464m、前店村西侧约 484m、军张村西侧约 696m；上方有运凤线（220kV）分支 1 路高压线及 337 省道穿过；巷道上方地面平坦，除 2 个小土坑外，无湖泊、河流等水系。3311 工作面概况如表 6-4 所示，工作面布置如图 6-6 所示。

3311 工作面概况表					表6-4
概况	煤层名称	3 煤	水平名称	-990 水平	采区名称	330 采区
	工作面名称	3311	地表标高（m）	+34.6 ~ +38.3	工作面标高（m）	-780.0 ~ -726.3
	走向长度（m）	1286	倾斜长度（m）	70		
	井下位置及四邻采掘情况	井下西南接 330 辅助轨道巷，东面 100m 处为正在回采的 3310 回采工作面，西面为未开拓的实炭区，北面 160m 处为矿界煤柱，与运河煤矿的-725 西大巷相距 220m				

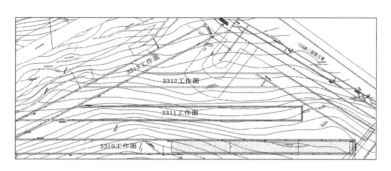

图6-6　3311 工作面布置图

3311 工作面采用厚煤层放顶煤条带开采，目前来看最主要的顶板问题在于面后悬顶，为减小工作面大面积顶板来压产生的冲击力对设备及人员的危害，避免诱发冲击地压，应在 3311 两顺槽及切眼处采取深孔爆破断顶措施，主要处理煤层上方第二层细砂岩与第三层粉砂岩，如表6-5 所示。

3311 工作面综合柱状概况					表6-5
序号	岩性名称	柱状	厚度（m）	累厚（m）	岩性描述
13	泥 岩		17.59	112.8	灰绿、褐红及深灰色，局部见少量粉砂质，下部见少量植物碎屑化石，平坦状及参差状断口

序号	岩性名称	柱状	厚度（m）	累厚（m）	岩性描述
12	粉砂岩		13.22	95.21	灰绿色，顶部少量紫红色，局部含少量细砂质和较多的黏土质
11	细砂岩		12.35	81.99	浅灰~灰白色长石石英细砂岩，分选较好，次圆状，见炭化植物化石和镜煤条带。水平层理，平坦状断口
10	泥岩		13.34	69.64	灰黑色，顶部含大量植物根化石，下部含丰富植物叶茎化石。具贝壳状~平坦状断口，中下部含大量黄铁矿结核，并夹大量煤线，具滑动镜面擦痕
9	细砂岩		12.58	56.30	灰绿~灰白色，分选较好，次圆状，局部含少量中粗砂质，中部含较多煤线。局部裂隙较发育，平行层理，基底式黏土质胶结
8	泥岩		4.78	43.72	灰绿，浅灰~深灰色，下部见少量植物碎屑化石
7	中砂岩		5.78	38.94	灰白色，石英为主，长石次之，含丰富的暗色矿物
6	泥岩		5.78	38.94	灰绿，浅灰~深灰色，下部见少量植物碎屑化石，平坦状及参差状断口
5	粉砂岩		5.30	22.70	灰黑色，顶部有少量植物根部化石，底部含少量细砂质
4	细砂岩		$\dfrac{2.72 \sim 7.64}{5.32}$	17.40	灰色，石英为主，长石次之，下部含少量植物化石
3	泥岩		$\dfrac{0 \sim 6.73}{4.28}$	12.08	灰黑色，顶部含大量植物根化石，下部含丰富植物叶化石
2	煤		$\dfrac{3.80 \sim 4.60}{3.80}$	7.40	黑色，块状，玻璃光泽，组分以亮煤为主，暗煤次之
1	巷道		3.60	3.60	—

随着 3311 工作面的回采，条带煤柱区域表现出了对称长臂"T"型结构特征（图 6-7），由于两侧关键层尚未断裂，因此关键层施加于工作面的压力将会增加，两巷维护难度加大，并且当工作面推进一段距离后，由于关键层跨度的增大，会出现关键层断裂来压现象，从而引起高能量级别矿震。虽然破裂源主要集中在两侧采空区与本工作面中部，但是高能量振动波传播至工作面后，仍极有可能造成工作面冲击地压事故。关键层开始断裂运动时，矿压显现要剧烈很多，主要原因就是，此时关键层的一侧断裂线位于工作面巷道上方，中间的断裂线也靠近另一条巷道上方，因此，关键层断裂诱发的高能级振动对巷道的破坏作用要高得多，此类工作面应对上覆坚硬砂岩进行预处理，人为制造顶板弱化面，从而减缓顶板突然来压造成的危害。

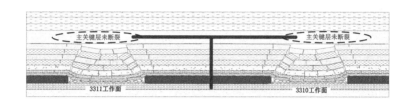

图 6-7　3311 工作面覆岩空间结构示意图

此次深孔爆破参数研究主要针对预防大面积顶板来压开展，为了达到较好的效果，计划在 3311 工作面切眼、轨道顺槽、皮带顺槽内采取深孔顶板爆破措施，具体参数如下：

（1）爆破孔布置：切眼区域布置的爆破孔，孔间距 5m，孔深 26m，计划施工15 组，间隔爆破 8 组；轨皮顺超前 60m 范围布置的钻孔，孔间距 5m，孔深 26m，计划施工 12 组，间隔爆破 6 组。

（2）施工顺序：3311 轨道顺槽→3311 皮带顺槽→3311 切眼。

（3）3311 工作面断顶爆破孔施工爆破参数如表 6-6 所示。

3311 工作面断顶爆破孔施工爆破参数表　　　　　　　　　　表 6-6

参　数	孔　号		
	轨道顺槽钻孔	皮带顺槽钻孔	切眼钻孔
钻孔总长度（m）	26	26	26
装药长度（m）	15	15	15
垂直角度（°）	80	80	80
封孔长度（m）	11	11	11

参　数	孔　号		
	轨道顺槽钻孔	皮带顺槽钻孔	切眼钻孔
封孔长度/孔深	42%	42%	42%
装药量（kg）	20	20	20
炸药块数（块）	100	100	100

具体设计如图 6-8 ~ 图 6-11 所示。图中具体参数及方法解释如下：

（1）根据现场设备配置，施工爆破断顶孔采用 CMS1-1450/30 型液压钻车，配合 ϕ75mm 地质钻头，成孔 ϕ75 ~ 77mm。

（2）雷管使用 1 ~ 5 段同号毫秒延期电雷管，延期时间不超过 130ms。炸药使用煤矿许用三级乳化炸药，药卷规格 ϕ27mm×300mm×200g。

（3）爆破筒采用规格为 ϕ63mm×1500mm（长）的专用爆破筒，使用长度根据装药量确定；放炮引线采用矿用防爆型电源线缆（同类型线缆也可采用）。爆破孔封孔采用黏土炮泥配合专用封孔剂。

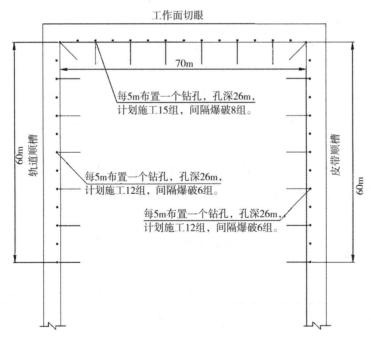

图 6-8　工作面断顶钻孔布置平面图

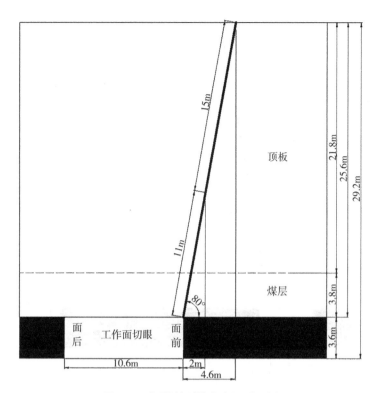

图6-9 切眼断顶钻孔布置平面图

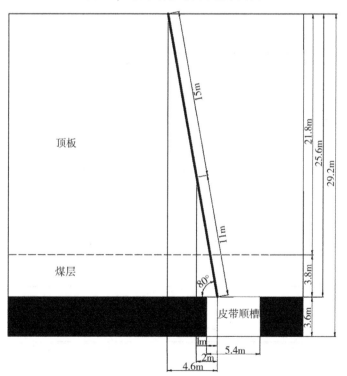

图6-10 皮带顺槽断顶钻孔布置平面图

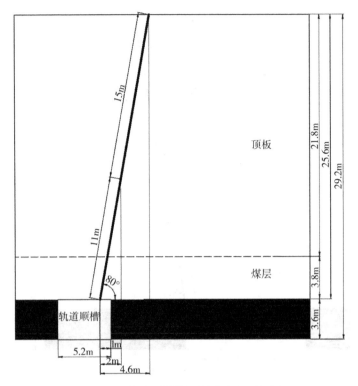

图6-11　轨道顺槽断顶钻孔布置平面图

二、特厚煤层首采工作面顶板深孔爆破参数设计

6305工作面为某矿630采区首采工作面，平均煤厚10.08m。工作面四邻无采掘情况，且工作面上方无可采煤层，下方各煤层均未开采，无采空区。该工作面地面位于胡西村西南约212m、桥东村东南约303m、桥西村东南约400m、汪西村西北约515m、永北村北约270m、永东村西北约239m处。中部上方有太白西路及老运河穿过，有一处生态园；北部上方有宁祥Ⅰ线（220kV）、宁祥Ⅱ线（220kV）两路高压线通过，其他各处地势平坦，为农田区。6305工作面布置如图6-12所示。

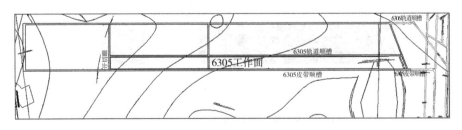

图6-12　6305工作面布置图

随着6305工作面的回采，工作面覆岩状态表现为"F"臂结构，在本工作面开采后的稳定性，以及其余扰动作用下与尚未断裂的岩层协同作用，发生的二次运动与失稳，将对开采工作面造成巨大影响，6305覆岩结构如图6-13所示。

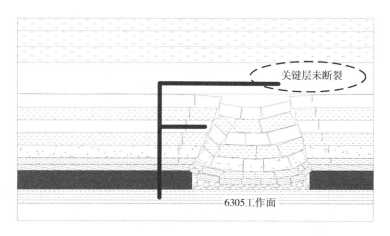

图6-13　6305工作面覆岩空间结构示意图

6305工作面为630采区首采工作面，目前来看最主要的顶板问题在于面后悬顶和一次见方区域，为减小工作面大面积顶板来压产生的冲击力对设备及人员的危害，避免诱发冲击地压，应在6305两顺槽及切眼处采取深孔爆破断顶措施，主要处理煤层上方第二层细粉砂岩互层、第三层粉砂岩与第四层细砂岩，如表6-7所示。

6305工作面综合柱状概况　　　　　　　　　　　　　表6-7

序号	岩性名称	柱状	厚度（m）	累厚（m）	岩性描述
9	中砂岩		17.70	60.91	灰白色细中粒石英砂岩，含少量岩屑以及暗色矿物，底部含少量石英中砾，下部含扁圆状粉砂岩包裹体，基地式，孔隙式黏土质胶结。较坚实，颗粒次棱角状，分选差

序号	岩性名称	柱状	厚度（m）	累厚（m）	岩性描述
8	泥 岩		10.10	43.21	深灰色，中部夹绿灰色，下部富含植物根化石夹粉砂岩薄层，局部岩芯破碎
7	细砂岩		2.45	33.11	浅灰色，成分以石英为主，长石次之。钙质，黏土质胶结，较坚实
6	泥 岩		3.85	30.66	深灰色，上部夹细砂岩薄层，含植物根化石
5	细砂岩		2.35	26.81	浅灰色，下部逐渐变暗浅色，成分以石英为主，长石次之
4	粉砂岩		8.95	24.46	灰黑色，富含植物茎叶化石，有羊齿类、石松类。鳞木上的叶座清晰可辨，裂隙极发育，充填方鲜石脉
3	细粉砂岩互层		7.50	15.51	灰白色，细粒长石石英砂岩与灰黑色黏土质粉砂岩形成互层。局部富含植物叶片化石，下部夹煤线，层理类型较多样
2	泥 岩		2.51	8.01	褐灰色、灰黑色，富含植物根叶化石。含黄铁矿薄膜，底部夹煤线
1	3 煤（顶煤）		5.50	5.50	黑色，条痕色为褐黑。上部为碎块状，下部为粉末状，以暗煤为主，镜煤、亮煤次之，内生裂隙发育
		巷道			

此次深孔爆破参数研究主要针对预防大面积顶板来压和一次见方开展，计划在 6305 工作面切眼、轨道顺槽、皮带顺槽内采取深孔顶板爆破措施，具体参数如下：

（1）爆破孔布置如图 6-14、图 6-15 所示，其中为了缓解初次来压强度，在切眼布置 35 个顶板爆破孔；为了缓解一次见方阶段来压强度，在 6305 两顺槽从距离切眼处 16m 开始每 5m 布置一组爆破孔，施工区域为两顺槽 100m 范围。

（2）施工顺序：6305 轨道顺槽→6305 皮带顺槽→6305 切眼。

（3）6305 工作面断顶爆破孔施工参数如表 6-8 所示。

6305 工作面断顶爆破孔施工爆破参数表   表 6-8

参　数	孔　号			
	切眼 1 号孔	切眼 2 号孔	顺槽 1 号孔	顺槽 2 号孔
炮眼总长度（m）	33	35	35	38
坚硬顶板内炮眼长度（m）	27.5	29.3	29.3	31.75
垂直角度（°）	90	70	70	60
水平角度（°）	0	0	0	0
封孔长度（m）	13	15	15	18
封孔长度/孔深	39%	42%	42%	47%
装药量（kg）	13	13	13	13
炸药块数（块）	65	65	65	65

具体设计如图 6-14、图 6-15 所示。图中具体参数及方法解释如下：

（1）根据现场设备配置，施工爆破断顶孔采用 CMS1-1450/30 型液压钻车，配合 ϕ75mm 地质钻头，成孔 ϕ75mm～77mm。

（2）雷管使用 1～5 段同号毫秒延期电雷管，延期时间不超过 130ms。炸药使用煤矿许用三级乳化炸药，药卷规格 ϕ27mm×300mm×200g。

（3）爆破筒采用规格为 ϕ63mm×1500mm（长）的专用爆破筒，使用长度根据装药量确定；放炮引线采用矿用防爆型电源线缆（同类型线缆也可采用）。爆破孔封孔采用黏土炮泥配合专用封孔剂。

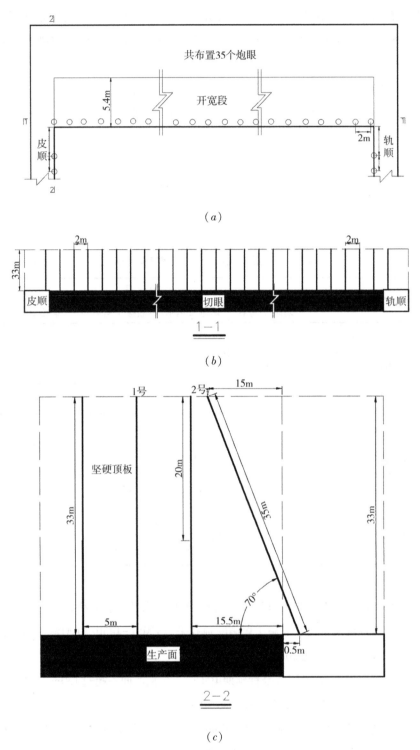

图6-14 切眼钻孔布置剖面示意图

(*a*) 切眼钻孔布置示意图；(*b*) 切眼1-1剖面钻孔布置示意图；

(*c*) 切眼2-2剖面钻孔布置示意图

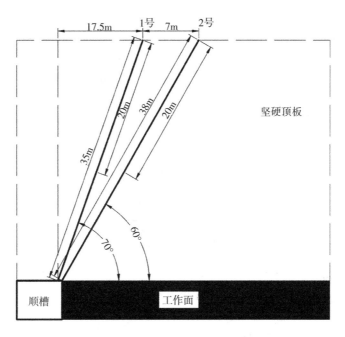

图 6-15　顺槽钻孔布置剖面示意图

三、厚煤层沿空工作面顶板深孔爆破参数设计

5306 工作面为某矿 530 采区第六个工作面，工作面设计与 5305 工作面基本相同，其中，皮带顺槽大致呈东南至西北走向，与运河近平行；东南段位于胡东村下方（在安居第三中学西南角，东北距胡营小学围墙 70m）；西北段距离陈庄 480m；老运河从顺槽西北部上方穿过，皮带顺槽上方大部分地面平坦，为农田区。轨道顺槽大致呈东南至西北走向，与运河近平行；东南段位于胡东村、安居第三中学、胡营小学下方；切眼距离陈庄 480m；老运河从切眼北部上方穿过，巷道上方大部分地面平坦，为农田区。

5306 工作面概况如表 6-9 所示，工作面位置如图 6-16 所示。

5306 工作面概况　　　　　　　　　　　　表 6-9

	煤层名称	3上煤	水平名称	−990 水平	采区名称	530 采区
概况	工作面名称	5306	地面标高 （m）	+35.1 ～ +42.5 +38.8	工作面标高 （m）	−960.0 ～ −888.0 −920.0
	走向长（m）	1014/1731	倾向长 （m）	260/100	面积（m²）	353119.11

概况	地面位置	5306 皮带顺槽大致呈东南至西北走向，与运河近平行；东南段位于胡东村下方（在安居第三中学西南角，东北距胡营小学围墙 70m）；西北段距离陈庄 480m；老运河从顺槽西北部上方穿过，皮带顺槽上方大部分地面平坦，为农田区。轨道顺槽大致呈东南至西北走向，与运河近平行；东南段位于胡东村、安居第三中学、胡营小学下方；切眼距离陈庄 480m；老运河从切眼北部上方穿过，巷道上方大部分地面平坦，为农田区
	井下位置及四邻采掘情况	5306 皮带顺槽位于南部大巷西侧，东北侧 260m 处为 5305 皮带顺槽，西、南面均为未开拓的实炭区。垂直上下方各煤层均未开采，无采空区。 5306 轨道顺槽位于南部大巷西侧，东北侧 165m 处为 5305 皮带顺槽，西、南面均为未开拓的实炭区。垂直上下方各煤层均未开采，无采空区

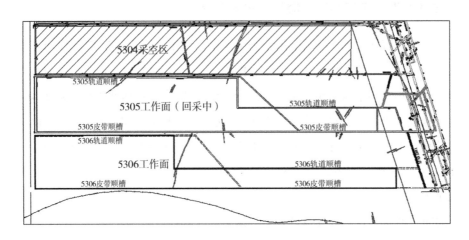

图 6-16　5306 工作面布置图

随着 5305 工作面回采结束和 5306 工作面的回采，短臂结构工作面一侧采空区上覆岩层中各关键层已经断裂，采空区处于充分采动状态。当单一工作面宽度达到 200m 后，工作面即成为全空间结构，地表形成明显的下沉盆地。由于 5306 工作面的"刀把形"设计，因此，该工作面开采前期覆岩状态表现为"F"长臂结构，开采后期表现为非对称"T"覆岩结构，上述覆岩结构所产生的采空区侧向支承压力将对开采工作面造成巨大影响。5306 覆岩结构如图 6-17、图 6-18 所示。

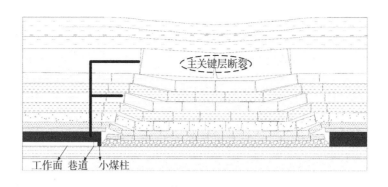

图 6-17　5306 工作面前期顺序开采短臂"F"覆岩结构平面示意图

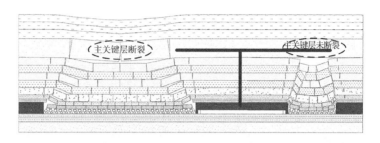

图 6-18　5306 工作面后期开采非对称"T"覆岩结构剖面示意图

5306 工作面为 530 采区第六个工作面，目前来看最主要的顶板问题在于面后悬顶和见方区域，为避免采空区顶板型冲击地压对工作面产生不利影响，应在 5306 两顺槽采取深孔爆破断顶措施，主要处理煤层上方第二层粉砂岩、第三层细砂岩和第四层中砂岩，如表 6-10 所示。

5306 工作面综合柱状概况

表 6-10

序号	层厚（m）	岩性名称	岩性描述
1	10.97	泥　岩	灰绿色，浅灰~深灰色，下部见少量植物碎屑，平坦状及参差状断口
2	2.27	细砂岩	浅灰~灰白色，成分主要为石英、长石和一些暗色矿物、泥质胶结，具脉状层和缓波状层理发育，发育少量斜交裂隙
3	5.47	粉砂岩	灰绿，浅灰~深灰色，上部含较多细砂岩，透镜体，下部较单一且细腻，质脆，断口平坦
4	3.41	中砂岩	灰绿~深灰色，成分以石英为主，长石次之，含较多暗色矿物以及黑云母碎片，粒度由上而下渐粗，次棱角状，分选中等

序号	层厚（m）	岩性名称	岩性描述
5	1.95	细砂岩	灰黑色，成分以石英为主，长石次之，亦含大量植物化石，含较多煤纹，具水平层理，层面呈黑色裂
6	1.58	泥岩	灰黑色，顶部有大量植物根部化石，下部含丰富植物叶茎化石，中下部含大量铁矿结核，并有大量煤线
7	2.33	粉砂岩	灰黑色，顶部有少量植物根部化石，底部含少量细砂质，水平层理，平坦状断口
8	2.35	泥岩	灰～灰黑色，顶部是0.2m黏土岩，且含少量黄铁矿结核，有大量植物根部化石，平坦状及参差状断口
9	2.55	中砂岩	浅灰～灰白色，长石石英细砂岩，分选较好，次圆状，见灰化植物化石和镜煤条带，水平层理，平坦状断口
10	6.84	细砂岩	灰色。石英为主，长石次之，下部含少量植物化石，局部含泥岩包体
11	3.03	粉砂岩	灰色～灰黑色，平坦状～参差状断口，具水平层理，局部含植物茎叶化石
12	1.84	泥岩	灰黑色，顶部有大量植物根部化石，下部含丰富植物叶茎化石，中下部含大量黄铁矿结核，并有大量煤线，具滑动镜面擦痕
13	5.20	3上煤	黑色，条痕褐色，暗煤为主，亮煤次之，为半暗型煤，内生裂隙较发育，局部黄铁矿薄膜
14	2.81	泥岩	灰黑色，平坦状～参差状断口，含大量植物根部化石，具丰富黄铁矿结核
15	2.30	粉砂岩	浅灰黑色，平坦状～参差状断口，具水平层理，含植物根化石和黄铁矿结核，底部夹细砂岩薄层
16	0.87	3下煤	黑色，以暗煤、亮煤为主，沥青光泽，参差状断口。内生裂隙发育
17	9.47	细砂岩	浅灰～灰白色，夹有大量灰黑色粉砂岩及黏土岩条带和包裹体，局部含较多黏土质
18	3.67	中砂岩	浅灰～灰白色，成分以石英为主，上部含有少量泥质包裹体及黄铁矿结核，裂隙较发育
19	6.18	泥岩	灰黑色，平坦状～参差状断口，含大量植物化石，具丰富黄铁矿结核

此次计划在 5306 工作面轨道顺槽、皮带顺槽内采取深孔顶板爆破措施，具体参数如下：

（1）轨道顺槽沿空巷道侧钻孔布置，如图 6-19 所示，孔深 25m，孔间距 10m；非沿空侧采用扇形布置，孔深分别为 15m、16.5m 和 18m，组间距 10m，如图 6-20 所示；皮带顺槽采用单孔布置，孔深 15m，孔间距 10m，如图 6-21 所示。

（2）施工顺序：5306 轨道顺槽→5306 皮带顺槽。

（3）5306 工作面断顶爆破孔施工爆破参数如表 6-11 所示。

5306 工作面断顶爆破孔施工爆破参数表　　　　表 6-11

参　数	轨道顺槽孔号				皮带顺槽孔号
	沿空 1 号孔	非沿空 1 号孔	非沿空 2 号孔	非沿空 3 号孔	皮顺 1 号孔
炮眼总长度（m）	25	25	26.5	28	25
坚硬顶板内炮眼长度（m）	13	15	16.5	18	15
垂直角度（°）	70	70	60	50	70
水平角度（°）	0	0	0	0	0
封孔长度（m）	12	10	10	10	10
封孔长度/孔深	48%	40%	38%	36%	40%
装药量（kg）	17.2	19.4	21.4	23.4	19.4
炸药块数（块）	86	97	107	117	97

具体设计如图 6-19~图 6-21 所示。图中爆破孔施工方法如下：

（1）根据现场设备配置，施工爆破断顶孔采用 CMS1-1450/30 型液压钻车，配合 ϕ75mm 地质钻头，成孔 ϕ75mm~77mm。

（2）雷管使用 1~5 段同号毫秒延期电雷管，延期时间不超过 130ms。炸药使用煤矿许用三级乳化炸药，药卷规格 ϕ27mm×300mm×200g。

（3）爆破筒采用规格为 ϕ63mm×1500mm（长）的专用爆破筒，使用长度根据装药量确定；放炮引线采用矿用防爆型电源线缆（同类型线缆也可采用）。爆破孔封孔采用黏土炮泥配合专用封孔剂。

（4）工作面回采前，应在轨顺沿空侧顶板岩层内采用爆破的方式进行预裂切缝，在一定深度范围内切断采空区和工作面煤层顶板的联系，但是，爆破过程应确保封孔质量，避免瓦斯溢出，并严格监控爆破前后巷道内瓦斯含量，严格按照《煤矿安全规程》等相关规定执行。

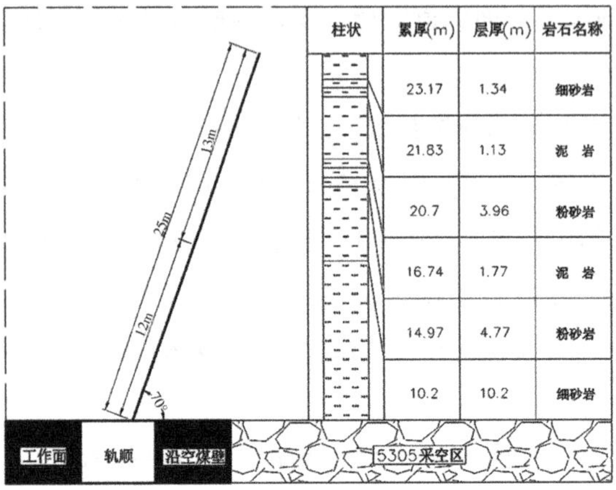

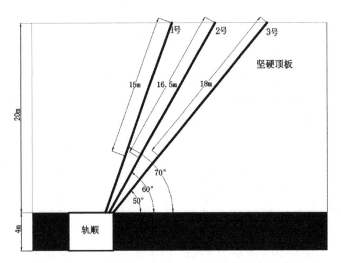

柱状	累厚(m)	层厚(m)	岩石名称
	23.17	1.34	细砂岩
	21.83	1.13	泥 岩
	20.7	3.96	粉砂岩
	16.74	1.77	泥 岩
	14.97	4.77	粉砂岩
	10.2	10.2	细砂岩

图 6-19　5306 轨顺初采段沿空侧钻孔布置图

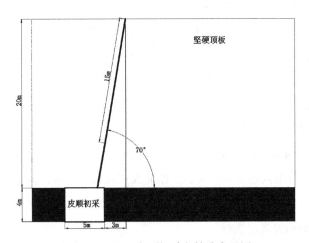

图 6-20　5306 轨顺初采段非沿空侧钻孔布置图

图 6-21　5306 皮顺初采段钻孔布置图

第三节 爆破施工安全技术措施

一、钻孔施工安全注意事项

（1）施工钻孔前，先检查施工地点顶板支护情况，严格执行敲帮问顶制度，摘除危岩悬矸，施工过程中密切关注顶板变化，出现问题及时处理。

（2）钻孔施工地点必须有足够的安全间隙，作业人员应确保身后、脚下无障碍物或运行设备。

（3）连接的液压软管应用原厂配备，符合煤炭行业标准的规定，液压软管连接应牢固、可靠，严防接头突然松脱或软管突然爆裂造成人员伤亡事故。

（4）立柱总成必须先顶紧顶板，待整机稳固好，确认手柄扳回中位后方可进行打钻作业。

（5）在开始打钻时，首先保证与主轴连接的钻杆连接到位，否则严禁打钻。在钻进过程中，禁止使用钻杆叉将主轴与钻杆之间连接，只有卸载钻杆时才可使用钻杆叉将主轴与钻杆连接在一起。

（6）在钻进过程中，随时观察各压力表压力值读数的变化情况，有异常现象立即停止打钻，及时处理问题。

（7）钻车停机时务必保证各操作手柄处于中位，防止电机启动时，回转器自动开启造成人员伤亡事故。拆卸任何液压件时，均应在油泵停机并使液压件卸压后进行。

（8）工作时要集中精力，防止钻车转矩突然增大发生架柱构件"击人"等意外事故的发生。钻孔过程中，严禁手扶钻杆，并应时刻防止钻杆卷伤手臂等意外事故的发生。

（9）钻孔过程中注意推进力适当，严禁使钻杆在弯曲状态下工作，防止钻杆突然断裂或更换钻杆不当造成钻杆从钻孔中脱出砸伤操作人员。

（10）各换向手柄、阀门应缓慢调节，严禁突然启动液压传动构件，防止执行部件突然升降伤人。

（11）孔内有钻杆时，除按规定程序卸钻杆外，绝对不允许电机反转。

（12）打钻时应遵守"三紧，两不要"的原则，即：袖口、领口、衣角紧，不要戴手套，不要把毛巾露在外面。

（13）钻进时，严禁人员正对着钻杆操作，防止钻杆滑出或折断时伤人。

（14）在皮带运输机附近施工时，应用专用防护网进行防护，避免皮带上大块煤矸滚落伤人。

（15）钻孔施工需跨皮带作业，支设钻机时应确保钻车滑道高于皮带300mm，避免皮带运行时，大块煤矸撞倒钻机。

（16）在皮带里侧作业人员应时刻注意皮带运行情况，尽量避免皮带运行时皮带里侧有人；作业人员到皮带里侧安装喷雾、换钻杆时应走人行桥，严禁直接从皮带上跨过。

（17）严禁将钻杆、钻头、喷雾、销子、剪下的锚网等放到皮带上或皮带下。

（18）施工过程中，如遇到强度较大的煤炮频繁出现及钻孔处涌水量异常，有透水征兆时，要立即停止钻进，将钻机稳固完毕后，人员撤离到安全地点，同时通知调度室、地测部、防冲办。

二、爆破施工安全注意事项

（1）爆破工必须依法经过专门技术培训，考试合格，获得特种作业人员资格证书后，方可持证上岗。

（2）爆破工必须熟悉爆破物品的性能和《煤矿安全规程》中的有关规定。

（3）接触爆破物品的人员应穿棉布或其他抗静电衣服，严禁穿化纤衣服。

（4）下井前要领取符合规定的发爆器和爆破母线等，不符合规定的发爆器材不准下井使用；下井时必须携带便携式甲烷检测仪；必须严格执行爆破器材领退等管理制度。

（5）爆破工作必须严格执行安检员全过程监督检查和签字制度。

（6）爆破物品的存放必须遵守下列规定：

1）爆破物品运送到工作地点后，必须把炸药、电雷管分开存放在专用的爆炸物品箱内，严禁乱扔乱放。

2）爆炸物品箱必须放在顶板完好、支护完整、避开机械、电气设备及通风良好的地点，并应放在挂有电缆、电线巷道的另一侧。

3）爆炸物品箱要加锁，钥匙由爆破工随身携带。

4）爆破时必须把爆炸物品箱放到警戒线以外的安全地点。

5）爆破前需准备好爆破用的引药和炮泥以及装满水的水炮泥，并整齐放置在符合规定的地点。

6）检查发爆器与爆破母线：发爆器要完好可靠，电压符合要求；爆破母线长度要符合作业规程规定，无断头、明接头和短路，绝缘包皮有破损处时应及时进行处理。

（7）必须严格执行"一炮三检"制度，即装药前、爆破前、爆破后必须检查爆破地点附近20m范围内风流中的瓦斯浓度，甲烷浓度超过1%时，严禁装药爆破。

（8）装药前，在装药地点300m范围外挂警戒牌，严禁除相关人员外的其他人员入内。

（9）装药前，提前通知爆破区域内的其他施工人员，将轨道顺槽内的卡轨车、绞车、水泵等机电设备停电闭锁，将皮带顺槽内的皮带机、水泵停电闭锁，将切眼内的综掘机、皮带机、照明等停电闭锁，同时将无关人员撤离到安全地点。

（10）敷设爆破母线的几点注意事项：

1）爆破母线必须使用符合标准的绝缘双线。

2）严禁将轨道、金属管、金属网、水或大地等当作回路。

3）爆破母线与电缆、电线、信号线应分别悬挂在巷道两侧。必须挂在同一侧时，爆破母线必须挂在电缆等线的下方，并应保持0.3m以上的间距。

4）爆破母线必须由里向外敷设，其两端头在与脚线、发爆器连接前必须扭结短路。

5）爆破母线的敷设长度要符合使用要求。

（11）井下爆破必须使用发爆器（矿用防爆型）。发爆器的钥匙必须由爆破工随身携带，严禁转交他人。爆破通电前，不得将钥匙插入发爆器。爆破后，必须立即将钥匙拔出，摘掉母线并扭结成短路。严禁在爆破地点进行充放电和母线导通试验。

（12）每次爆破前，爆破工必须作电爆网络全电阻检测，严禁采用发爆器打火放电的方法检测电爆网络。

（13）放炮前，必须由班长亲自安排人员设岗，其他人员必须躲至距放炮地点300m以外顶板完整支护的地方，躲炮地点必须悬挂放炮警戒牌，在警戒线和可能进入爆破地点的所有通路上担任警戒工作，严禁人员进入。躲炮时间不少于30min，放炮30min后班长亲自通知警戒人员撤岗，警戒人员接不到通知，不准私自撤岗。

（14）当班已装完炸药的爆破载体必须当班爆破完毕，严禁将爆破载体或装完炸药的爆破孔交接给下一班次。

（15）爆破前，脚线的连接工作可由经过专门训练的班组长协助爆破工进行。爆破母线连接脚线、检查线路和通电工作，只准爆破工一人操作。爆破前，班组长必须清点人数，由现场跟班队长或班组长（跟班队长不在现场时）对爆破地点受影响范围内瓦斯、顶板、支护等情况进行检查，经检查无问题，并向调度室值班人员汇报，经同意后，方可进行爆破作业，调度室值班人员做好井下作业地点爆破情况记录。放炮前，爆破工接到起爆命令后，必须先吹哨发出爆破信号，至少再等5s方可起爆。爆破后，将母线从放炮器接线柱上摘下，并扭结成短路。

（16）起爆后，如炮未响，放炮员要将放炮母线扭结短路，等30min再去查找原因。

（17）放炮完成后，在进入作业地点时，必须由爆破工、瓦斯检查工（兼职）和班组长首先详细检查回风流中及爆破地点的甲烷浓度、一氧化碳浓度、氧气浓度。确认安全后，由班组长解除警戒岗后，其他人员方可进入施工地点工作。

（18）当班剩余的雷管、炸药由爆破员、班组长清点核实，并在领退单上签字，退回药库，严禁交给下班使用。

（19）投送爆破载体时，必须轻轻送入，严禁生硬顶入。

（20）如果在投送爆破载体过程中将爆破线挤断，可将爆破载体慢慢引退出钻孔，并重新连线投药；如在此过程中无法将爆破载体引出，可将引线扭结短路，在钻孔内从爆破筒底至孔口处用炮泥封堵。

（21）在投递过程中，如爆破筒卡死在钻孔内，且爆破筒末端距离孔口低于 3~5m 时，该钻孔不再连线爆破，将引线扭结短路，在钻孔内从爆破筒底至孔口处用炮泥封堵。

第四节　坚硬顶板聚能爆破效果检验

一、坚硬顶板聚能爆破效果检验方案

1. 常规矿压观测法

（1）根据工作面支架压力的变化情况判断老顶断裂步距，确定上一个周期来压老顶断裂位置与煤壁间的距离。统计深孔爆破前老顶周期来压期间变化情况并绘制随时间变化的支架压力变化曲线，与爆破后的工作面支架进行对照。分析工作面支架压力变化，对照爆破前后老顶垮落步距变化情况。

（2）统计爆破前后两顺槽顶底板及两帮巷道移近量及移近速度并进行对照。

2. 爆破振动信号分析法

顶板深孔爆破应在卸压基础上同时还不能影响巷道稳定性，因此项目运用爆破振动记录仪，记录具体的顶板爆破振动信号，依据《爆破安全规程》GB 6722—2014；采用保护对象所在地的质点峰值振动速度和频率作为爆破振动判据，选取"矿山巷道"，其安全振动速度峰值 $V=15~30cm/s$，根据现场情况，爆破振动质点的峰值速度应控制在 25cm/s 以内。分析顶板爆破对于巷道稳定性的影响，确保安全。

3. 钻孔窥视法

采用钻孔窥视仪对钻孔爆破前后的钻孔裂隙发育情况进行观测，尤其是在采用定向爆破技术后，观察爆破后钻孔内主裂隙发育情况，进而判断爆破效果。

4. 数值模拟法

运用 FLAC3D 或 ANSYS-DNYA 数值模拟软件建立顶板爆破卸压模型，通过计算爆破前后应力分布情况，形成压力分布云图及相关曲线，综合判断预裂爆破效果。

5. 井下深孔爆破效果验证方案设计

检验孔施工参数及施工数量：①效果验证爆破孔应选择在顶板较为完整、支护良好的区域。②效果验证爆破孔施工数量为 1 个。③第一个中间观测孔距爆破孔 5m，其余按间距 5m 顺序施工，共施工 4 个中间观测孔，如图 6-22 所示。④钻孔施工过程中，应详细记录每米岩性，在岩性改变或无法判别岩性时应使用塑料瓶收集孔口处岩粉，上井后由地质人员具体判别，岩性记录如表 6-12 所示。

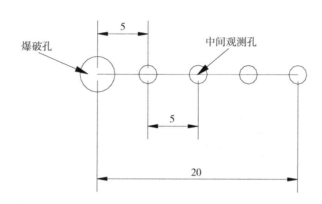

图 6-22　爆破孔与中间观测孔布置示意图

岩性记录表（空表示例）　　　　　　　　表 6-12

孔序号	1m	2m	3m	4m	5m	6m	7m	8m	9m	10m	11m	12m	13m	14m
爆破孔														
中间 1														
中间 2														
中间 3														
中间 4														
施工人员				验收人员					时间					

钻孔窥视内容：①每个孔施工完成后应及时用钻孔窥视仪进行成孔观测，并对观测资料进行编号。②爆破后应使用锚杆机或其他钻具将爆破孔钻开，使用窥视仪观测孔内爆破情况。③爆破后使用窥视仪顺序观测中间孔破坏情况，并进行记录。

爆破振动信号采集：①爆破孔施工前应在爆破区域范围内安装不少于 3 个有效微震探头，确保能完整记录爆破信号。②收集爆破前后的原始微震波形文件。

顶板离层仪：①在如图 6-23 所示位置安装一个机械式顶板离层仪（或使用现有掘进阶段可以有效读数的离层仪）。②记录爆破前离层仪的数据，然后在爆破后 30min 开始记录读数，每 10min 记录一次读数，并填入表 6-13 中。

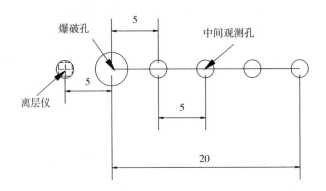

图 6-23　顶板离层仪安装位置示意图

顶板离层仪数据记录表（空表示例）　　　　　表 6-13

时间		爆破前	30min	40min	50min	60min
数据	深基点					
	浅基点					
观测人员			验收			

两帮及顶底板移近量：①采用"双十"字法测量爆破前后巷道顶底板及两帮移近量，并将数据记录在表 6-14 中。②观测点分别布置在爆破孔、中间孔对应位置。

巷道变形记录表（空表示例）　　　　　表 6-14

位置		爆破孔	中间孔 1	中间孔 2	中间孔 3	中间孔 4
顶底板	爆破前					
	爆破后					
两　帮	爆破前					
	爆破后					
观测人员			验收			

二、坚硬顶板聚能爆破效果检验

1. 钻孔窥视法效果检验

（1）钻孔窥视设备

CXK6 矿用本安型钻孔成像仪采用 DSP 图像采集与处理技术，系统高度集成，探头全景摄像，剖面实时自动提取，图像清晰逼真，深度自动准确校准，可对所有的观测孔全方位、全柱面观测成像（垂直孔/水平孔/斜孔/俯、仰角孔）（图6-24）。CXK6矿用本安型钻孔成像仪是在JL-IDOI（A）智能钻孔电视成像仪的基础上，根据煤矿井下的地质条件和工作环境特别改进设计的钻孔全景成像设备，可用于观测：

1）矿体矿脉厚度、倾向和倾角；

2）地层岩性和岩体结构构造等；

3）观测和定量分析煤层等矿体走向、厚度、倾向、倾角，层内夹矸及与顶板岩层的离层裂缝程度等；

4）断层裂隙产状及发育情况；

5）含水断层、溶沟溶洞、岩层水流向等；

6）煤矿顶板地质构造、煤层赋存、工作面前方断层构造、上覆岩层导水裂隙带等。

CXK6矿用本安型钻孔成像仪不仅能实时直观地观测到钻孔内的各种结构构造，而且能将整个钻孔进行成像并展开成平面图和三维柱状图，可以生动直观地再现孔内结构体并进行定量分析。可以有效探测煤层产状、厚度等赋存情况，指导合理科学地组织生产；通过对同一钻孔的周期性对比观测成像，可以揭示煤层巷道围岩节理、断层和裂隙等发育变形情况，预测巷道顶板离层垮冒、巷道失稳等地下灾害的发展趋势，为采取科学有效的预防处理措施提供参考，降低开采风险和生产成本；可以对巷道的支护设计、围岩注浆加固及巷道修复等的有效性进行评估并提供真实有效的技术数据。

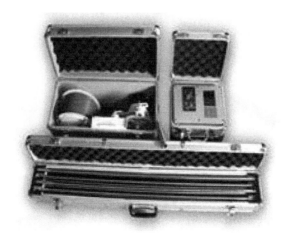

图6-24　钻孔成像仪

CXK6 矿用本安型钻孔成像仪系统由"井下"和"室内"两部分组成，"井下部分"主要包括 CXK6-Z 矿用本安型钻孔成像仪主机、CXK-12T 矿用本安型钻孔成像仪探头、CXK-5S 矿用本安型钻孔成像仪深度计数器等主要部件，以及视频传输电缆、信号电缆和推杆等附件，井下设备均为本质安全型设计，并通过了行业相应机构的防爆性能检测。"室内部分"由微型计算机（主频 1GHz 以上）、打印机、专用充电器和资料分析及处理软件组成，构成了一个完整的图像采集与信号分析处理系统，其任务是把现场采集的图像进行计算、显示、存贮、通信、处理分析和打印成图。

（2）3311 工作面顶板爆破钻孔窥视结果

采用钻孔成像仪对爆破前后孔内裂隙发育状况进行研究，3311 工作面断顶爆破装药范围为顶板以上 13~25m（未采用定向被筒），通过窥视发现爆破前该段钻孔内并无明显的裂隙发育，结合工作面综合柱状图与钻孔实测图分析该段岩层主要为厚度 6~12m 的细砂岩，较为坚硬完整，如图 6-25 所示。

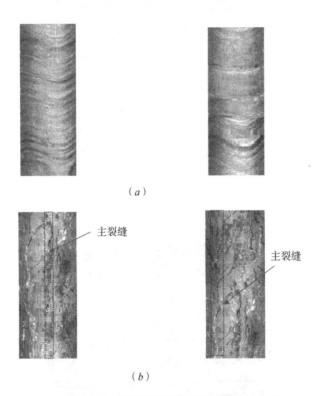

（a）

主裂缝

主裂缝

（b）

图 6-25 3311 工作面钻孔窥视效果图

（a）爆破前钻孔成像图；（b）爆破后钻孔成像及定向主裂缝发育图

对 3311 工作面钻孔窥视观测发现孔内爆破后裂隙发育明显增多，钻孔主裂缝尺度达到 5mm，说明顶板爆破在坚硬顶板内能较为容易地产生致裂效果，但裂隙发育较为分散，无法满足精细化爆破的要求。

（3）5306 工作面顶板爆破钻孔窥视结果

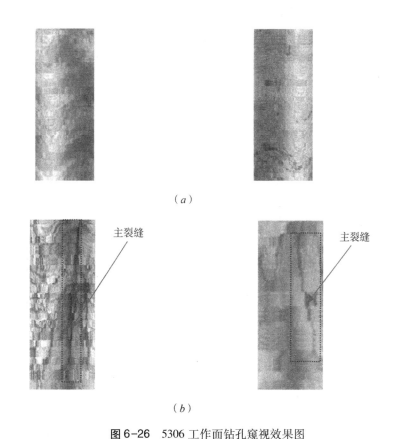

图 6-26　5306 工作面钻孔窥视效果图

（a）爆破前钻孔成像图；（b）爆破后钻孔成像及定向主裂缝发育图

对 5306 工作面钻孔窥视观测发现孔内爆破后裂隙发育明显增多。5306 顶板爆破采用的是 P63 系列定向筒，从图 6-26 可以较为明显地看出钻孔主裂缝发育情况，尺度超过 10mm，说明定向聚能效果非常明显。

爆破前在距两顺槽最外侧爆破孔 5、10、15、20m 处施工爆破效果检测孔，爆破后通过成像分析发现，距爆破孔 10m 处仍有裂隙发育（最大裂隙发育达到 2 ~ 3mm），说明单孔爆破最大影响范围可达 10m。

2. 常规矿压观测法效果检验

（1）工作面矿压观测及结果分析

矿压监测作为一种常规的煤岩应力与围岩变形监测方法，主要监测指标是巷道围岩活动情况及回采工作面支架工作阻力情况。本次监测采用的 KJ216 型煤矿顶板压力监测系统是煤矿顶板压力动态的计算机在线测量系统。系统将计算机检测技术、数据通信技术和传感器技术融为一体，实现了复杂环境条件下对煤矿顶板的自动监测和分析。系统包括以下组成部分：计算机及数据处理软件、KJ216-J 矿用数据通信接口、KJ216-Z 矿用监测主站、KJF70 矿用数据通信分站、KJ216-F 煤矿顶板压力监测分站、KGE30 顶板离层监测传感器、MLS200 锚杆应力监测传感器、KBY-60 矿用数字压力计（传感器）、本安型供电电源，另外还包括：电缆、接线盒、转接器等本质安全型部件（图 6-27）。

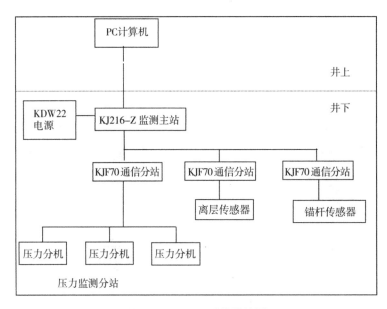

图 6-27 KJ216 系统结构图

1）监测目的

通过回采过程中对锚杆、锚索支护应力变化的观测数据分析，可掌握爆破前后巷道矿压显现规律。通过综采支架阻力在线监测，可实时了解爆破前后工作面支架阻力值，分析工作面顶板爆破后周期来压步距变化情况。

2）监测参数（以 5306 工作面示例）

综采支架阻力监测：采用 5~7 架安装一个压力表原则，均匀布置于工作面支架内，实时监测支架前、后立柱、前顶梁等工作阻力变化及循环增阻情况，判断直接顶、老顶的初次垮落步距及周期来压活动规律，支架的使用、运载、对顶板的适应情况等，测站布置如图 6-28 所示。

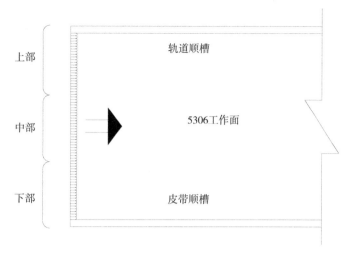

图 6-28　工作面支护情况测站布置示意图

3）监测结果分析

①5306 工作面

5306 工作面里段净宽 260m，外段净宽 100m，可采长度 2745m。回采煤层为 $3_上$ 煤，煤层平均厚度 5.20m。为降低工作面初次来压强度，提高煤炭资源回收率，工作面切眼及两顺槽超前 40m 内均采取了爆破断顶措施，断顶孔深度 25m，孔间距 10m，单孔装药 19kg。

工作面初次来压期间支架工作阻力整体呈上升趋势，最高达到 40MPa。现场未出现强烈的来压现象，仅溜尾附近面后有大块岩石垮落并伴有较大岩石劈裂声，工作面支架未出现大范围安全阀开启现象。由于来压现象并不强烈，支架异常压力时限为一天，判定基本顶来压步距为 21.2m。支架工作阻力监测情况如图 6-29 所示。

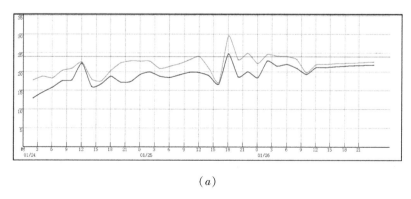

（a）

图 6-29　工作面支架工作阻力（MPa）变化曲线

（a）工作面（1～104 号）支架工作阻力；

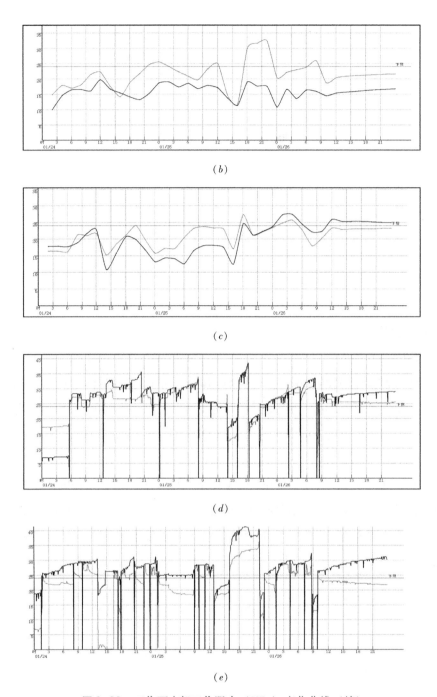

(b)

(c)

(d)

(e)

图6-29 工作面支架工作阻力（MPa）变化曲线（续）

（b）工作面下部（69～104号）支架工作阻力；（c）工作面上部（1～34号）支架工作阻力；

（d）工作面中部34号支架工作阻力；（e）工作面中部82号支架工作阻力

由图6-29可见，34号支架自24日工作阻力突然升高，达到30MPa。全面支架工作阻力自24日开始升高，增幅达到5MPa，但均值不到25MPa。25日15：00左右，工作面支架工作阻力又有一次较明显的上升，增幅达到 5MPa，平均工作阻力达到 30MPa。

总体来说，由于顶板爆破改变了顶板结构，使初次来压步距明显出现减缓，尤其是在两端头巷道区域内，直接顶与老顶垮落情况较未采取顶板爆破的相似工作面效果要好。可见，顶板爆破对于两顺槽顶板控制具有重要作用，可以进一步避免大面积高强来压对巷道造成冲击破坏。

②3311 工作面

3311 工作面位于 330 辅助轨道巷东北侧，是 330 采区第十个回采工作面。该面走向可采长度 1286 m，倾向长 70m，井下西南接 330 辅助轨道巷，东面 100m 处为 3310 工作面采空区，西面为未开拓的实炭区，北 160m 处为矿界煤柱，与临矿的−725 西大巷相距 220m。上方无可采煤层，下方其他煤层均未开采（表 6-15）。

3311 顶底板情况表　　　　表 6-15

顶底板名称	岩石名称	厚度（m）	岩 性 描 述
老　顶	细砂岩	$\dfrac{3.72 \sim 36.10}{17.20}$	灰色，石英为主，长石次之，局部含泥岩包体。抗压强度 50MPa 左右，属稳定顶板
直接顶	泥岩	$\dfrac{0 \sim 6.73}{3.37}$	灰黑色，顶部含大量植物根化石，下部含丰富植物叶茎化石。中下部含大量黄铁矿结核，具滑动镜面擦痕。抗压强度 30MPa 左右，属不稳定顶板
直接底	泥　岩	$\dfrac{1.0 \sim 6.38}{3.81}$	黑灰色，含丰富的植物根、叶片化石及炭化树茎，具波状层理。参差状断口，见少量层间裂隙。抗压强度 30MPa 左右，属不稳定底板
老　底	细砂岩	$\dfrac{2.33 \sim 14.87}{7.53}$	灰白色，灰色，主要成分为石英、岩屑及暗色矿物，层面上含少量植物碎屑化石。生物潜穴较发育，呈豆状及蠕虫状。局部发育成生物搅动构造。夹粉砂岩条带，具波状层理。抗压强度 50MPa 左右，属稳定底板

3311 工作面采用厚煤层放顶煤开采方式，根据工作面综合柱状图 3310 工作面实际情况，对工作面切眼及两顺槽超前 60m 范围内进行了岩性观测，通过成像观测分析发现，工作面切眼及两顺槽顶板赋存 4 ~ 12m 砂岩层。为降低工作面回采期间初次来压强度，避免诱发冲击地压事故，在工作面切眼及两顺槽超前 60m 范围内开展爆破断顶工程。

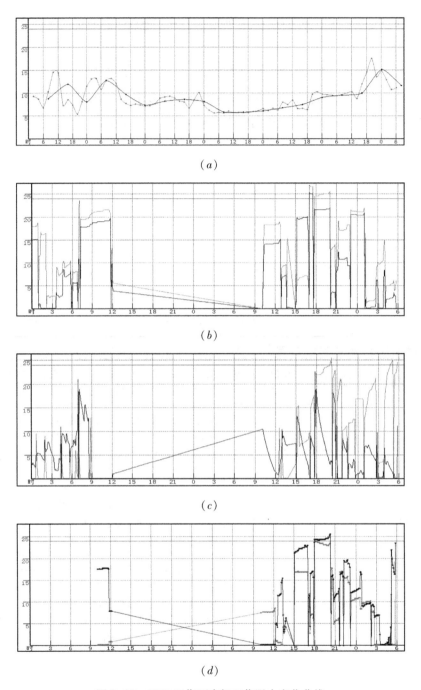

图 6-30　3311 工作面支架工作阻力变化曲线

（a）支架平均工作阻力趋势图；（b）44 号支架工作阻力曲线图；

（c）26 号支架工作阻力曲线图；（d）4 号支架工作阻力曲线图

通过单个支架工作阻力曲线图（图 6-30）分析发现，中部支架来压强度、来压时间明显强于两端头支架，表明工作面来压不同步，来压现象持续 2~3 个小班。

来压步距：经现场观察发现，3311 工作面推采 22m 后采空区老顶逐渐垮落，推采 32m 后，通过支架工作阻力分析结合现场情况，判断工作面初次来压。

效果分析：为验证爆破断顶效果，与同采区 3309 工作面进行了对比。3309 工作面爆破断顶钻孔孔径为 42mm，单孔装药量为 8kg，累计使用炸药 410kg（为 3311 工作面炸药使用量的 40%），监测发现，3309 工作面来压步距为 76m，且来压时现场有明显的震感及冲击波。而 3311 工作面来压步距为 32m，来压时现场基本没有显现，仅支架工作阻力有来压趋势。说明 3311 工作面爆破断顶效果较为理想，达到了预期效果。

（2）巷道变形观测及结果分析

1）巷道表面位移：反映爆破前后巷道表面位移的大小及巷道断面缩小程度，从中可以判断围岩的运动是否超过其安全最大允许值，是否影响巷道的正常使用。

2）观测点分别布置在爆破孔、中间孔对应位置。采用"双十字法"进行观测，主要观测内容包括顶底板距离 C_1D_1 和 C_2D_2、两帮距离 AB、工作面侧煤帮距 O_1 点距离 O_1A、O_1D_1 和 O_2D_2 等，O_1 和 O_2 点需要用工程线来确定，在测面位置的顶底板和两帮布置测点的基点，基点使用小锚杆，小锚杆由废旧的长锚杆截断，长度控制在 500～800mm 范围内或左右，两头都车长度为 50mm 的螺纹，以便安装时使用锚杆钻机绞烂树脂药卷。小锚杆安装时，注意露出煤壁 50mm，其余 450mm 安装在煤壁中并用树脂药卷锚固牢固。如图 6-31 所示。

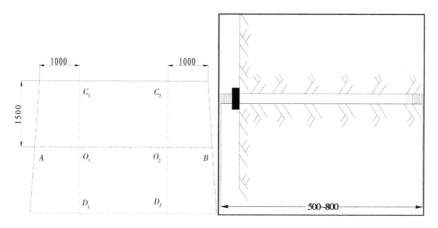

图 6-31 表面位移观测及基点安设示意图

3）采用"双十字法"测量爆破前后巷道顶底板及两帮移近量，并将数据记录在表 6-16 中。3311 工作面表面位移观测曲线如图 6-32 所示。

巷道变形记录表（3311 工作面，单位：mm） 表 6-16

位置		爆破孔	中间孔 1	中间孔 2	中间孔 3	中间孔 4
顶底板	爆破前	3532	3513	3605	3573	3562
	爆破后	3442	3452	3580	3572	3560
两 帮	爆破前	4922	4905	4954	5013	4921
	爆破后	4916	4898	4950	5012	4921

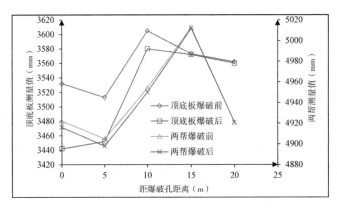

图 6-32 表面位移观测曲线（3311 工作面）

如表 6-17 与图 6-33 所示，5306 工作面巷道尺寸设计宽为 5m，高为 4m，由于顶板深孔爆破影响，爆破孔及 10m 范围内出现了顶底板移近，但总体移近量并不大（最大 10mm），对巷道安全不会产生太大影响。同时，受爆破影响，爆破孔附近两帮也有局部小范围变形，但总体变形量并不大（最大 32mm），为了进一步减小变形，应加强封孔质量，尽量将炸药爆炸能量控制在深孔原岩内。

巷道变形记录表（5306 工作面，单位：mm） 表 6-17

位置		爆破孔	中间孔 1	中间孔 2	中间孔 3	中间孔 4
顶底板	爆破前	4023	4095	4023	4031	4009
	爆破后	4012	4090	4021	4030	4009
两 帮	爆破前	5120	5065	5102	5005	4976
	爆破后	5113	5032	5098	5000	4970

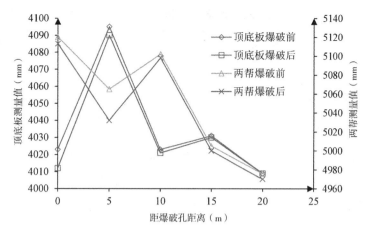

图 6-33 表面位移观测曲线（5306 工作面）

（3）巷道顶板离层观测

1）巷道顶板离层的观测采用顶板离层仪，在合适位置安装一个机械式顶板离层仪，离层仪设 2 个测点，深度分别为：6m 和 12m，如图 6-34 所示。

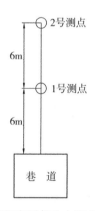

图 6-34 顶板离层仪孔内测点布置示意图

2）记录爆破前离层仪的数据，然后在爆破后 30min 开始记录读数，每 10min 记录一次读数，并填入表 6-18 与表 6-19 中。

顶板离层仪数据记录表（3311 工作面，单位：mm）　　　　　　表 6-18

	时间	爆破前	30min	40min	50min	60min
数据	深基点	10	9	9	9	9
	浅基点	8	3	3	3	3

顶板离层仪数据记录表（5306工作面，单位：mm）　表6-19

时间		爆破前	30min	40min	50min	60min
数据	深基点	16	13	13	13	13
	浅基点	10	4	4	4	4

3）观测结果分析

从顶板离层观测数据可以看出，爆破前后靠近爆破孔的顶板会出现小范围的顶板离层现象，而且离层在爆破后30min就已经稳定，主要与顶板岩层离散化性质有关，受爆破扰动影响，各岩层交界面处出现了小范围的离层，但总体来说离层量不大，对巷道安全不会产生不利影响，且存在离层说明爆破后顶板出现了一定程度的运动，可见顶板爆破具有较好效果。

3. 爆破振动信号分析法

（1）测振仪测振方案设计

1）测试目的：获取爆破施工引起的煤岩质点振动数据，计算爆破点到监测点的地震系数K和衰减系数a，评价顶板深孔爆破对巷道的振动影响。

2）振源：顶板深孔爆破。

3）爆破施工参数：爆破采用深孔一次性爆破施工，单孔爆破总装药量为16kg。

4）监测方案：监测点采用均点布置方式，从爆破孔正下方沿巷道走向300m范围内布置6组监测点，采集2次爆破施工共12组数据，使用生石膏粉稀释后刚性粘连传感器。1号测点与爆心的距离为50m，2号为100m，3号为150m，4号为200m，5号为250m，6号为300m。

（2）测振仪器（表6-20）

爆破测振仪器列表　表6-20

仪器设备名称	仪器编号	检定日期	检定证书编号	校验单位
爆破测振仪	L2015-120/T2015-167	2016-07-29	201607113009	中国测试技术研究院
爆破测振仪	L2016-129/T2016-130	2016-07-29	201607113010	中国测试技术研究院
爆破测振仪	L2016-192/T2015-162	2017-03-13	201703108866	中国测试技术研究院
爆破测振仪	L2016-164/T2015-151	2017-03-13	201703108901	中国测试技术研究院
爆破测振仪	L2016-084/T2015-139	2017-03-13	201703108914	中国测试技术研究院
爆破测振仪	L2016-132/TT0318625	2017-03-13	201703108893	中国测试技术研究院
红外测距仪	TR1508050417	2016-09-02	C160105	西南交大测绘工程检测中心

（3）判定依据

根据《爆破安全规程》GB 6722—2014：采用保护对象所在地的质点峰值振动速度和频率作为爆破振动判据，选取"矿山巷道"，其安全振动速度峰值 $V=15\sim30cm/s$，根据现场情况，爆破振动质点的峰值速度应控制在25cm/s以内。

安全允许振速如表6-21所示。

安全允许振速表   表6-21

序号	保护对象类别	安全允许振速 V（cm/s）		
		$f\leqslant10Hz$	$10Hz<f\leqslant50Hz$	$f>50Hz$
1	土窑洞、土坯房、毛石房屋	0.15~0.45	0.45~0.9	0.9~1.5
2	一般民用建筑	1.5~2.0	2.0~2.5	2.5~3.0
3	工业和商业建筑	2.5~3.5	3.5~4.5	4.2~5.0
4	一般古建筑与古迹	0.1~0.2	0.2~0.3	0.3~0.5
5	运行中的水电站及发电站厂中心控制室设备	0.5~0.6	0.6~0.7	0.7~0.9
6	水工隧道	7~8	8~10	10~15
7	交通隧道	10~12	12~15	15~20
8	矿山巷道	15~18	18~25	20~30
9	永久性岩石高边坡	5~9		
10	新浇大体积混凝土（C20） 龄期：初凝~3d 龄期：3~7d 龄期：7~28d	1.5~2.0 3.0~4.0 7.0~8.0		

（4）振动检测记录表

1）爆破参数（表6-22）

爆破参数表   表6-22

爆破参数	孔数:1		孔深:25m
	单孔装药量:16kg	最大单响药量:16kg	总装药量:16kg
	起爆方式:电雷管起爆		
	起爆次数:1 次		

2）检测数据（表6-23）

爆破检测数据列表 表6-23

测点号	爆心距（m）	时间	X水平径向		Y水平切向		Z铅垂方向	
			振速（cm/s）	主振频（Hz）	振速（cm/s）	主振频（Hz）	振速（cm/s）	主振频（Hz）
1	29	2017.3.15　16:55:41	1.67	39.1	1.61	120.2	3.11	151.2
2	50	2017.3.15　16:55:41	0.64	28.6	0.61	31.0	1.22	63.3
3	90	2017.3.15　16:55:41	0.23	73.2	0.10	109.0	0.46	59.3
4	130	2017.3.15　16:55:41	0.08	79.4	0.05	585.9	0.24	55.1
5	176	2017.3.15　16:55:41	0.06	585.9	0.05	781.2	0.14	61.7
6	280	2017.3.15　16:55:41	0.08	293.0	0.07	426.1	0.06	390.6

3）检测数据衰减计算

数据选取：通过各方向振幅对比可以发现，垂向 Z 的规律性强，具有较好的代表性，因此，选取 Z 向振幅进行衰减计算。

$$V = K\left(\frac{\sqrt[3]{Q}}{R}\right)^{a}$$

其中：$K = 249.78$；$a = 1.72$。

根据计算可以得出如下关系曲线（图6-35、图6-36）。

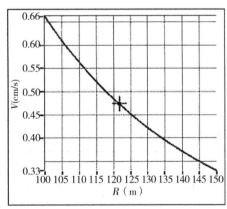

图6-35　距离 R 和振速 V 变化曲线　　　图6-36　装药量 Q 和振速 V 变化曲线

4）各测点检测数据及波形

① 1号测点（表6-24、图6-37）

1 号测点检测数据

表 6-24

	通道名	最大值	最大值时间	主振频	灵敏度系数
检测数据	径向（X）	0.6398cm/s	0.142s	28.6Hz	28.520V/m/s
	切向（Y）	0.6134cm/s	0.153s	31.0Hz	28.160V/m/s
	垂向（Z）	1.2219cm/s	0.070s	63.3Hz	29.250V/m/s

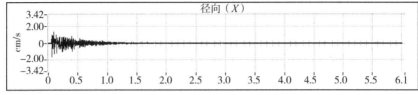

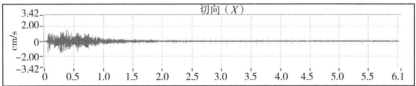

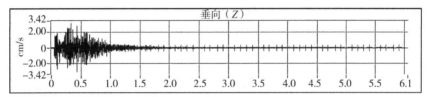

图 6-37　1 号测点检测波形

② 2 号测点（表 6-25、图 6-38）

2 号测点检测数据

表 6-25

	通道名	最大值	最大值时间	主振频	灵敏度系数
检测数据	径向（X）	0.2271cm/s	0.103s	73.2Hz	28.640V/m/s
	切向（Y）	0.0984cm/s	0.284s	109.0Hz	28.360V/m/s
	垂向（Z）	0.4607cm/s	0.106s	59.3Hz	29.600V/m/s

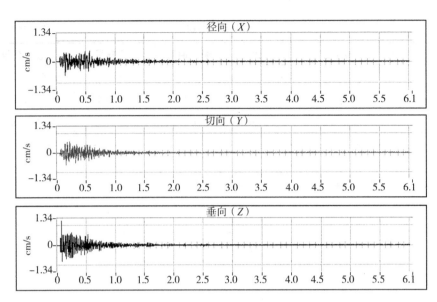

图 6-38　2 号测点检测波形

③ 3 号测点（表 6-26、图 6-39）

3 号测点检测数据　　　　　　　　　　表 6-26

	通道名	最大值	最大值时间	主振频	灵敏度系数
	径向（X）	0.0842cm/s	0.057s	79.4Hz	28.430V/m/s
检测数据	切向（Y）	0.0504cm/s	0.831s	585.9Hz	28.560V/m/s
	垂向（Z）	0.2383cm/s	0.151s	55.1Hz	28.790V/m/s

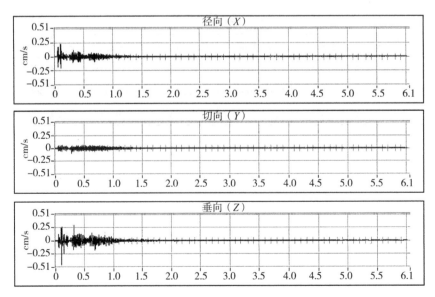

图 6-39　3 号测点检测波形

④ 4 号测点（表6-27、图6-40）

4 号测点检测数据　　　　　　　　　　　　　　　　表6-27

	通道名	最大值	最大值时间	主振频	灵敏度系数
检测数据	径向（X）	0.0597cm/s	0.054s	585.9Hz	28.580V/m/s
	切向（Y）	0.0493cm/s	0.715s	781.2Hz	29.190V/m/s
	垂向（Z）	0.1427cm/s	0.202s	61.7Hz	29.330V/m/s

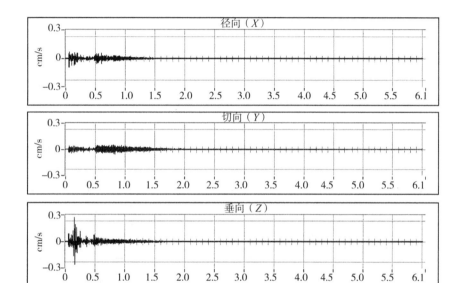

图6-40　4 号测点检测波形

⑤ 5 号测点（表6-28、图6-41）

5 号测点检测数据　　　　　　　　　　　　　　　　表6-28

	通道名	最大值	最大值时间	主振频	灵敏度系数
检测数据	径向（X）	0.1131cm/s	0.048s	51.0Hz	28.580V/m/s
	切向（Y）	0.0845cm/s	0.107s	41.5Hz	29.190V/m/s
	垂向（Z）	0.1458cm/s	0.049s	111.6Hz	29.330V/m/s

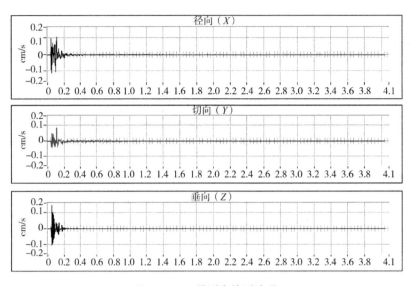

图6-41　5号测点检测波形

⑥ 6号测点（表6-29、图6-42）

6号测点检测数据 表6-29

	通道名	最大值	最大值时间	主振频	灵敏度系数
检测数据	径向（X）	0.0839cm/s	0.045s	293.0Hz	28.420V/m/s
	切向（Y）	0.0671cm/s	0.043s	426.1Hz	28.360V/m/s
	垂向（Z）	0.0647cm/s	0.045s	390.6Hz	29.180V/m/s

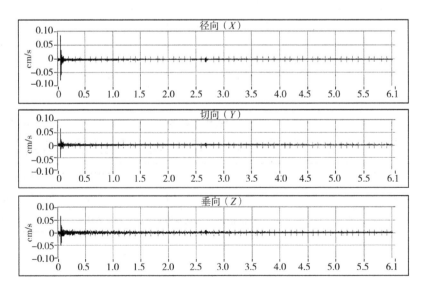

图6-42　6号测点检测波形

测试结果表明：经过比对、分析计算得到当前检测线上的 $K = 249.78$，$a = 1.72$；在距爆源1m时振速为1.23cm/s，所以在最大单响药量为16kg时，按照《爆破安全规程》GB 6722—2014中"矿山巷道"的标准，对巷道安全并无影响。

4. 爆破数值模拟效果检验

为了直观地反映顶板爆破应力转移规律，以某矿5306工作面地质和开采技术条件为背景，建立FLAC3D三维计算模型进行数值模拟。模拟分析5306工作面轨道顺槽顶板爆破后巷道围岩应力变化，分析确定高应力区域转移规律，校验顶板爆破卸压效果。

（1）数值模拟程序选择

FLAC3D是二维的有限差分程序FLAC2D的扩展，能够进行岩石、土质和其他材料在达到屈服极限后经历塑性变形的三维空间行为分析，为岩土工程领域求解三维问题提供了一种理想的分析工具。运用FLAC3D进行动力计算，必须首先进行静力分析。在完成静力分析的基础上，才能施加动力载荷进行动力分析。FLAC3D动力计算大致可以分为以下几个步骤：

1）确定计算区域，并进行网格划分；

2）选择动力计算模式，定义本构模型和材料的物理力学参数；

3）定义计算所需的边界条件和初始条件；

4）进行计算，获得初始平衡状态，即开挖前的原岩应力状态；

5）进行工程（采空区）开挖计算分析，得到开挖后的静力计算结果；

6）检查静力计算结果，认为满意后，设置动力计算边界条件和所需的阻尼；

7）施加动力载荷，进行动力计算分析，得到动力计算结果。

完全非线性的动力分析具有以下特点：

1）遵循任何指定的非线性本构关系；

2）不同频率间会出现干涉和混合；

3）模拟不可恢复的位移和永久变形；

4）合适的塑性理论，塑性应变增量与应力有关；

5）易进行不同本构模型的对比分析。

爆破动载输入的类型包括：加速度时程、速度时程、应力（压力）时程、力时程动载分析输入。

（2）数值计算模型建立

如图6-43所示为5306工作面实际布置图，由于5305工作面回采后，5306轨道顺槽将受大面积采空区影响，如图6-44所示，存在一定的冲击危险性，鉴于此，建立5306轨道顺槽数值计算模型，在巷道内布置顶板爆破孔，如图6-45所示。

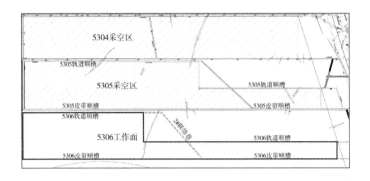

图 6-43   5306 工作面实际布置图

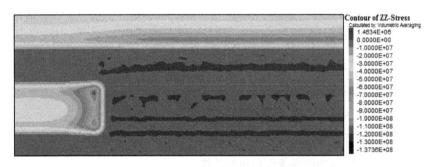

图 6-44   5305 采空后应力分布示意图

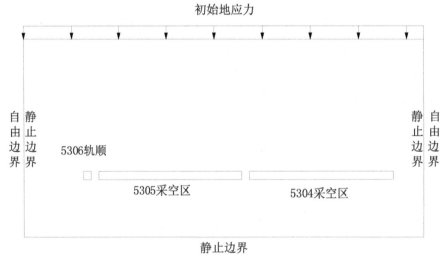

图 6-45   模型边界条件

在 5305 采空区 6m 位置开挖 5306 轨道顺槽，巷道尺寸为 4m×5m，爆破孔数量为 5 个，沿巷道顶板走向单排布置，如图 6-46 所示。

本次模拟输入波形如图 6-47 所示。

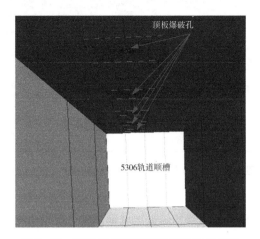

图 6-46　5306 轨道顺槽顶板爆破孔布置图

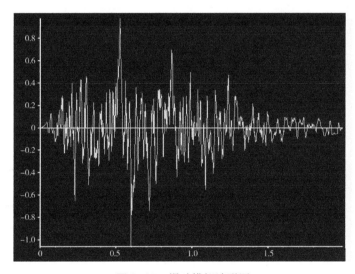

图 6-47　爆破模拟波形图

爆破孔模型建好后采用一次性爆破进行起爆，爆破后 5306 轨道顺槽区域应力分布如图 6-48 所示，从图中可以看出爆破区域出现了较为明显的应力降低现象，高应力区向煤体深部进行了转移，可知在 5306 轨道顺槽顶板爆破可以起到较好的卸压效果。

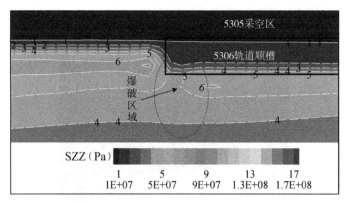

图6-48　5306轨道顺槽顶板爆破区域应力分布图

图6-49所示为5306轨道顺槽爆破区域垂直应力变化曲线，可以较为明显地看出爆破后5306轨道顺槽近场应力峰值出现了降低。

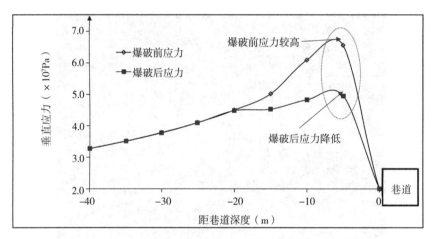

图6-49　爆破前后垂直应力变化

三、小结

本节基于某矿3311工作面、5306工作面等工作面顶板爆破实例开展效果验证，运用常规矿压观测法、爆破振动信号分析法、钻孔窥视法和数值模拟法等开展具体研究，主要结论有：

（1）对3311工作面钻孔窥视观测发现孔内爆破后裂隙发育明显增多，钻孔主裂缝尺度达到5mm，说明顶板爆破在坚硬顶板内能较为容易地产生致裂效果，但裂隙发育较为分散，无法满足精细化爆破的要求。对5306工作面钻孔窥视观测发现孔内爆破后裂隙发育明显增多。5306顶板爆破采用的是P63系列定向被筒，可以较为明显地看出钻孔主裂缝发育情况，尺度超过 10mm，爆破最大影响范围可达 10m，说明定向聚能效果非常明显。

（2）通过支架压力监测可以看出，由于顶板爆破改变了顶板结构，使初次来压步距明显出现减缓，尤其是在两端头巷道区域内，直接顶与老顶垮落情况较未采取顶板爆破的相似工作面效果要好，可见，顶板爆破对于两顺槽顶板控制具有重要作用，可以进一步避免大面积高强来压对巷道造成的冲击破坏。与同采区 3309 工作面进行了对比，监测发现 3309 工作面来压步距为 76m，且来压时现场有明显的震感及冲击波。而 3311 工作面采取顶板爆破后来压步距为 32m，来压时现场基本没有显现，仅支架工作阻力有来压趋势。说明 3311 工作面爆破断顶效果较为理想，达到了预期效果。

（3）采用 L2015-120 爆破测振仪对顶板爆破震源的测试结果表明：经过比对、分析计算得到当前监测线上的 $K = 249.78$，$a = 1.72$；在距爆源 1m 时振速为 1.23cm/s，所以在最大单响药量为 16kg 时，按照《爆破安全规程》GB 6722—2014 中"矿山巷道"的标准，对巷道安全并无影响。

（4）对 5306 轨道顺槽区域采用顶板爆破数值模拟分析发现，爆破区域出现了较为明显的应力降低现象，高应力区向煤体深部进行了转移，可知在 5306 轨道顺槽顶板爆破可以起到较好的卸压效果。而且，可以较为明显地看出爆破后 5306 轨道顺槽近场应力峰值出现了降低。

第七章

基于现场试验的定向爆破
断顶技术案例二

第一节　某矿上覆岩层破断演化规律研究

某矿目前划分为九个采区，分别是：一、二、三、五、六、七、八、十和十一采区。某矿目前主要生产采区为五、七采区，正在开拓六、十采区，一、三、十一采区已基本结束。未采工作面在后期开采过程中，将会对已经形成的围岩结构造成影响，从而破坏已有的平衡状态。在采掘活动等强烈干扰下，随着采空区数量的不断增加，覆岩运动的影响范围也在不断加大，本节基于关键层理论及实测数据，分析了正在回采的五、七采区覆岩结构特征及其破断演化规律，为某矿冲击地压分区防治提供理论基础。

一、七采区上覆岩层关键层判定

工作面关键层判定依据钻孔地质资料及煤层、围岩物理力学性质，经过计算得到煤层上方各主、亚关键层及其破断步距（按拉张破断模式计算）。

根据七采区9-1、9-2钻孔地质资料及3煤层围岩物理力学性质，运用覆岩关键层判别原则，经过计算得到不同钻孔下七采区煤层上方各主、亚关键层，具体见表7-1、表7-2。

七采区上覆岩层关键层判定（9-1钻孔）　　　　表7-1

序号	层位	厚度（m）	累计厚度（m）	岩层类型	破断距（m）	硬岩	关键层
1	40	14.75	767.40	粉砂岩+中砂岩	73.99	第三硬关键层	关键层
2	46	13.45	795.15	粗砂岩	43.78	第二硬关键层	关键层
3	55	7.1	829.85	砂质泥岩	30.69	第一硬关键层	关键层

由表7-1可知，煤层上部存在3层硬岩，划分为3个关键层，在工作面推进过程中，各关键层逐次破断，直至关键层完全破断。同时，相邻关键层距离越近，两者之间破断距差值越小，关键层距工作面越远，关键层破断距离越大。关键层的破断对于采场矿压显现有很强的相关性。

根据9-1钻孔资料对七采区3煤上覆岩层关键层进行判断，得到如下结论：

（1）根据关键层的刚度条件判断得出，9-1钻孔确定的七采区3煤上覆岩层存在三层厚硬岩层，分别标记为第一层硬岩（14.75m厚的粉砂岩+中砂岩）、第二层硬岩（13.45m 厚的粗砂岩）、第三层硬岩（7.1m 厚的砂质泥岩）。

（2）根据关键层的强度条件判断得出，第一层硬岩（14.75m 的粉砂岩+中砂岩）为主关键层，第二层硬岩（13.45m 的粗砂岩）、第三层硬岩（7.1m 的砂质泥岩）为亚关键层（表7-3）。

七采区上覆岩层关键层判定（9-2 钻孔）　　表7-2

序号	层位	厚度（m）	累计厚度（m）	岩层类型	破断距（m）	硬岩	关键层
1	28	22.15	726.75	砂岩组	83.52	第三硬关键层	主关键层
2	32	14.50	760.35	砂岩组	68.76	第二硬关键层	亚关键层
3	37	21.10	791.50	砂岩组	51.91	第一硬关键层	亚关键层

根据 9-2 钻孔资料对七采区 3 煤上覆岩层关键层进行判断，得到如下结论：

（1）根据关键层的刚度条件判断得出，9-2 钻孔确定的七采区 3 煤上覆岩层存在 3 层厚硬岩层，分别标记为第一层硬岩（22.15m 厚的砂岩组）、第二层硬岩（14.5m 厚砂岩组）、第三层硬岩（21.10m 厚砂岩组）。

（2）根据关键层的强度条件判断得出，第一层硬岩（22.15m 厚的砂岩组）为主关键层，第二层硬岩（14.5m 厚的砂岩组）、第三层硬岩（21.10m 厚的砂岩组）为亚关键层（表7-4）。

9-1 钻孔关键层示意　　表7-3

层号	岩层名称	岩层厚度（m）	累计厚度（m）	图例	备注
39	铝质泥岩	13.75	752.65		
40	粉砂岩+中砂岩	14.75	767.40		关键层三　距3煤100.55m
41	泥岩	8.05	775.45		
……	……	……	……	……	
45	粉砂岩	781.70	1.90		
46	粗砂岩	13.45	795.15		关键层二　距3煤72.80m
47	粉砂岩	3.00	798.15		

层号	岩层名称	岩层厚度（m）	累计厚度（m）	图例	备注
……	……	……	……		
53	粉砂岩	1.55	822.75		
54	砂质泥岩	7.10	829.85		关键层一
55	粉砂岩	2.85	832.70		距3煤38.10m
……	……	……	……	……	
67	3上煤	2.05	870.70		

9-2 钻孔关键层示意　　　　　　　　表7-4

层号	岩层名称	岩层厚度（m）	累计厚度（m）	图例	备注
27	中砂岩	3.90	710.00		关键层三
28	砂岩组	22.15	726.75		距3煤139.85m
29	粉砂岩	5.45	732.20		
……	……	……	……		
31	粉砂岩	1.65	745.85		关键层二
32	砂岩组	14.50	760.35		距3煤106.25m
33	铝质泥岩	1.30	761.65		
……	……	……	……	……	
36	泥岩	2.30	770.40		
37	砂岩组	21.10	791.50		关键层一
38	中砂岩	4.50	796.00		距3煤75.10m
……	……	……	……	……	
55	3煤	7.45	874.05		

二、五采区上覆岩层关键层判定

根据五采区 z-12、z-17 钻孔地质资料及 3 煤层围岩物理力学性质，运用上述覆岩关键层判别原则，经过计算得到不同钻孔下五采区煤层上方各主、亚关键层，具体见表7-5、表7-6。

五采区上覆岩层关键层判定（z-12钻孔）　　表7-5

序号	层位	厚度（m）	累计厚度（m）	岩层类型	破断距（m）	硬岩	关键层
1	16	10.2	764.20	粗砂岩	87.63	第三硬关键层	关键层
2	38	18.0	832.30	粉砂岩	64.35	第三硬关键层	关键层
3	43	24.9	868.80	粉砂岩	47.26	第一硬关键层	关键层

根据 z-12 钻孔资料对五采区 3 煤上覆岩层关键层进行判断，得到如下结论：

（1）根据关键层的刚度条件判断得出，z-12 钻孔确定的五采区 3 煤上覆岩层存在 3 层厚硬岩层，分别标记为第一层硬岩（10.2m 厚的粗砂岩）、第二层硬岩（18m 厚的粉砂岩）、第三层硬岩（24.9m 厚的粉砂岩）。

（2）根据关键层的强度条件判断得出，第一层硬岩（10.2m 厚的粗砂岩）为主关键层，第二层硬岩（18m 厚的粉砂岩）、第三层硬岩（24.9m 厚的粉砂岩）均为亚关键层（表7-7）。

五采区上覆岩层关键层判定（z-17钻孔）　　表7-6

序号	层位	厚度（m）	累计厚度（m）	岩层类型	破断距（m）	硬岩	关键层
1	3	15.80+16.10	680.2	砂岩组	100.56	第三硬关键层	关键层
2	18	20.2	751.60	砂质泥岩	65.88	第二硬关键层	关键层
3	34	16.2+7.6	817.80	细砂岩+粉砂岩	52.64	第一硬关键层	关键层

根据 z-17 钻孔资料对五采区 3 煤上覆岩层关键层进行判断，得到如下结论：

（1）根据关键层的刚度条件判断得出，z-17 钻孔确定的五采区 3 煤上覆岩层存在 3 层厚硬岩层，分别标记为第一层硬岩（31.9m 厚的砂岩组）、第二层硬岩（20.2m 厚的砂质泥岩）、第三层组合硬岩（16.2m 厚的细砂岩和 7.6m 厚的粉砂岩）。

（2）根据关键层的强度条件判断得出，第一层硬岩（31.9m 厚的砂岩组）为主关键层，第二层硬岩（20.2m 厚的砂质泥岩）、第三层组合硬岩（16.2m 厚的细砂岩和 7.6m 厚的粉砂岩）均为亚关键层（表7-8）。

z-12 钻孔关键层示意　　　表 7-7

z-12 钻孔关键层示意　　　表 7-7

层号	岩层名称	岩层厚度（m）	累计厚度（m）	图例	备注
15	泥岩	1.20	754.00		关键层三 距 3 煤 140.01m
16	粗砂岩	10.20	764.20		
17	细砂岩	8.70	772.90		
……	……	……	……	……	
37	中砂岩	3.10	814.30		关键层二 距 3 煤 71.91m
38	粉砂岩	18.00	832.30		
39	泥岩	0.50	832.80		
……	……	……	……	……	
42	中砂岩	2.40	843.90		
43	粉砂岩	24.90	868.80		关键层一 距 3 煤 35.41m
44	细砂岩	0.90	869.70		
……	……	……	……	……	
56	3 煤	3.94	908.15		

z-17 钻孔关键层示意　　　表 7-8

层号	岩层名称	岩层厚度（m）	累计厚度（m）	图例	备注
2	泥质砂岩	8.30	648.30		关键层三 距 3 煤 145.47m
3	砂岩组	31.90	680.20		
4	细砂岩	1.30	681.50		
……	……	……	……	……	
17	粉砂岩	2.30	731.40		关键层二 距 3 煤 74.07m
18	砂质泥岩	20.20	751.60		
19	粉砂岩	0.50	752.10		
……	……	……	……	……	
33	泥岩	0.47	794.00		关键层一 距 3 煤 7.87m
34	砂岩+粉砂	23.80	817.80		
35	中砂岩	7.53	825.33		
36	3 煤	5.15	830.82		

第二节　某矿顶板深孔爆破参数设计

本矿井以 7302 工作面、5304 工作面为例。

一、7302 工作面

1. 7302 工作面概况

7302 综放工作面南邻设计的 7304 工作面，东距七采区辅运巷最近距离 220m，西部及北部邻近五采区与七采区边界。该工作面煤层埋深 -892.4～-783.6m，受埋深、煤层分岔、顶板关键层等因素影响，存在冲击危险。为保障 7302 工作面回采期间施工安全，根据 7302 轨顺断顶方案要求，对 7302 工作面采取爆破断顶施工。

2. 区域断顶范围及技术要求

（1）A 区域断顶范围及技术要求

1）断顶作业地点

断顶作业地点：7302 轨道顺槽、7302 原运输顺槽。

2）断顶参数

工作面侧断顶区域内布置大直径扇形卸压孔，孔间距 20m，角度分别为 64°、74°、85°（钻孔向 7302 工作面煤壁倾斜，根据现场施工条件，角度可以适当调整）；非工作面侧断顶区域内布置大直径卸压钻孔，孔间距 10m，角度为 80°（钻孔向 7302 工作面煤壁倾斜，根据现场施工条件，角度可以适当调整）（表 7-9～表 7-12、图 7-1）。

7302 轨道顺槽（1 号、2 号、3 号孔）爆破断顶施工参数表　　表 7-9

项目	参数及说明	项目	参数及说明
爆破位置	自开切眼 120m 向外布置	钻孔深度	1 号：45m； 2 号：40m； 3 号：36.5m
钻孔角度	1 号：64°； 2 号：74°； 3 号：85°	钻孔间距	1 号：20m； 2 号：20m； 3 号：20m
装药长度	1 号：30m； 2 号：25m； 3 号：21.5m	封孔长度	15m
联线方式	单节被筒内并联，组间串联	装药方式	正向装药
爆破方式	每组一次装药，同时起爆	方位角	1 号、2 号、3 号：337°

7302 轨道顺槽（4 号孔）爆破断顶施工参数表　　表 7-10

项目	参数及说明	项目	参数及说明
爆破位置	自开切眼 120m 向外布置	钻孔深度	45m
钻孔角度	80°	钻孔间距	10m
装药长度	30m	封孔长度	15m
联线方式	单节被筒内并联，组间串联	装药方式	正向装药
爆破方式	一次装药，单孔起爆	方位角	235°

7302 原运输顺槽爆破断顶施工参数表　　表 7-11

项目	参数及说明	项目	参数及说明
爆破位置	自开切眼 120m 向外布置	钻孔深度	1 号：45m； 2 号：44m； 3 号：45m
钻孔角度	1 号：64°； 2 号：74°； 3 号：85°	钻孔间距	1 号：20m； 2 号：20m； 3 号：20m
装药长度	1 号：15m； 2 号：15m； 3 号：15m	封孔长度	15m
联线方式	单节被筒内并联，组间串联	装药方式	正向装药
爆破方式	每组一次装药，同时起爆	方位角	1 号、2 号、3 号：157°

7302 工作面爆破参数　　表 7-12

位置	编号	钻孔直径 （mm）	被筒直径 （mm）	不耦合 系数	每米装 药量（kg）	装药 长度（m）	装药量 （kg）	备注
7302 轨道顺槽	1 号	76	63	1.4	2.97	30	89.1	
		89	75	1.4	4.07		122.1	
	2 号	76	63	1.4	2.97	25	74.25	
		89	75	1.4	4.07		101.75	
	3 号	76	63	1.4	2.97	21.5	63.855	
		89	75	1.4	4.07		87.505	
	4 号	76	63	1.4	2.97	30	89.1	
		89	75	1.4	4.07		122.1	

位置	编号	钻孔直径 （mm）	被筒直径 （mm）	不耦合 系数	每米装 药量（kg）	装药 长度（m）	装药量 （kg）	备注
7302 原运输顺槽	1号	76	63	1.4	2.97	15	44.55	
		89	75	1.4	4.07		61.05	
	2号	76	63	1.4	2.97	15	44.55	
		89	75	1.4	4.07		61.05	
	3号	76	63	1.4	2.97	15	44.55	
		89	75	1.4	4.07		61.05	

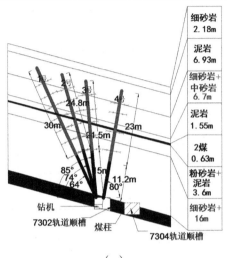

（a）

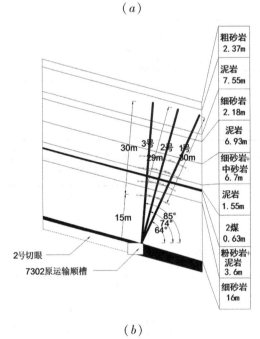

（b）

图 7-1　7302 工作面顶板爆破钻孔施工示意图

（a）7302 轨道顺槽钻孔布置剖面图；（b）7302 原运输顺槽钻孔布置剖面图；

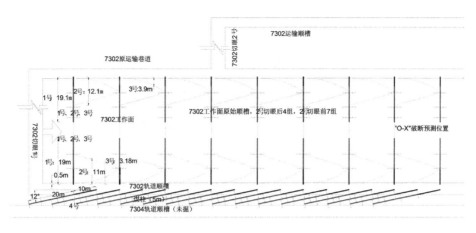

（c）

图 7-1　7302 工作面顶板爆破钻孔施工示意图（续）

（c）7302 工作面顶板爆破钻孔布置平面图

（2）B 区域断顶范围及技术要求

1）断顶作业地点

断顶作业地点：7302 工作面 2 号切眼。

2）断顶参数（表 7-13、图 7-2）

断顶区域内钻孔单排布置，孔间距 10m，倾角为 70°（钻孔向 7302 工作面煤壁倾斜，根据现场施工条件，角度可以适当调整），钻孔深度 35m。

7302 工作面 2 号切眼爆破断顶施工参数表　　　　　　　　表 7-13

项目	参数及说明	项目	参数及说明
爆破位置	7302 工作面 2 号切眼上方	钻孔深度	35m
钻孔角度	与水平方向成 70°（根据现场施工条件，角度可以适当调整）	钻孔间距	10m
装药长度	20m	装药量	45kg/孔
封孔长度	15m	雷管	33 发/孔
联线方式	单节被筒内并联	装药方式	正向装药
爆破方式	单孔爆破	方位角	67°

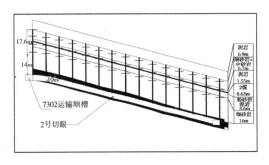

（a）

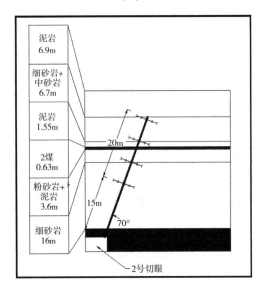

（b）

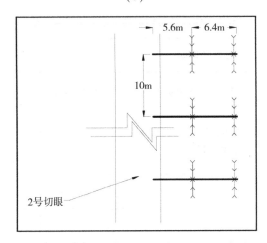

（c）

图7-2 7302工作面2号切眼顶板爆破钻孔施工示意图

（a）7302工作面2号切眼钻孔布置剖面图；（b）7302工作面2号切眼钻孔布置剖面图；

（c）7302工作面2号切眼钻孔布置平面图

二、5304 工作面

1. 5304 工作面概况

5304 综放工作面东临 5303 工作面，南临 FZ14 逆断层，靠近五采区与七采区边界；西临设计的 5305 工作面。5304 工作面的平均开采深度为 826m，最大采深为 864m。据统计，当深度 $H \leqslant 350m$ 时，冲击地压一般不会发生，当深度 $350m < H < 500m$ 时，在一定程度上冲击危险逐步增加。就开采深度而言，5304 工作面已超过冲击地压发生的深度条件。5304 工作面直接顶为 2.09～5.81m 厚的泥岩及细砂岩。老顶为 9.4～21.48m 厚的细砂岩及中砂岩，由于坚硬顶板易形成悬顶、积聚大量弹性能，其发生破断时有可能诱发冲击地压。故 5304 工作面开采过程中存在坚硬厚顶板断裂诱发冲击地压的危险。为保障 5304 工作面回采期间施工安全，对 5304 轨顺采取爆破断顶施工。

2. 断顶施工概况

（1）工程概况

根据 5304 工作面煤层顶底板状况，尝试采用顶板爆破措施开展断顶工程。5304 工作面煤层顶板砂岩平均厚度为 20.13m，因此，考虑巷道顶煤高度为 2m，钻孔深度设计 20m。为满足爆破要求，设计重点断顶区域每个断面 1 个爆破孔，倾角为 75°（钻孔向 5303 采空区倾斜，根据现场施工条件，角度可以适当调整），钻孔深度为 20m，其余地点设计 1 个钻孔（钻孔向 5303 采空区倾斜，根据现场施工条件，角度可以适当调整），炸药选用 ϕ27mm 矿用乳胶炸药，每卷长度 0.4m，重 0.3kg（表 7-14）。

5304 工作面运输顺槽顶板卸压爆破参数 　　　表 7-14

项目	参数及说明	项目	参数及说明
爆破位置	轨顺中间巷前后 100m 范围	装药长度	7.6 m
钻孔间距	10 m	封孔长度	12.4 m，炮泥封孔
钻孔深度	20 m	装药方式	正向装药
钻孔角度	75°	联线方式	孔内并联，孔间串联
钻孔数量	133 个	爆破方式	一组爆破

（2）钻孔施工顺序

自 5304 轨道顺槽 450 m 向外逐个进行施工，钻孔爆破同样自轨道顺槽向里进行爆破。钻孔布置如图 7-3、图 7-4 所示。

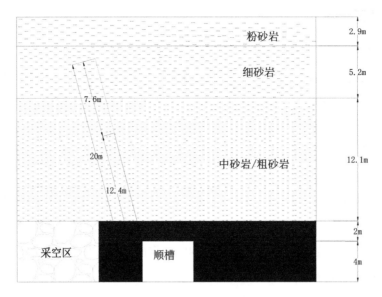

图 7-3 钻孔布置剖面图

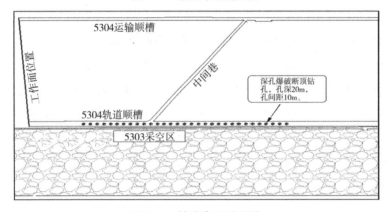

图 7-4 钻孔布置平面图

（3）爆破施工所需材料及工具

专用定向被筒、矿用二级水胶炸药（$\phi 27\text{mm} \times 400\text{mm} \times 300\text{g}$）（3 卷捆绑）、同段毫秒延期电雷管、发爆器、电源引线、爆破母线、水泥锚固剂、炮泥等。

（4）爆破施工工艺流程

爆破工艺：准备爆破孔，并确保孔内无堵塞→准备定向 PE 装药筒、炸药、雷管等材料及专用工具→定炮、安装雷管，固定电源引线→将装满炸药的专用 PE 装药筒依次送入孔底→依次填入水泥锚固剂或黏土炮泥，将炮眼封实→连线、起爆。炸药装药图如图 7-5、图 7-6 所示。采取超前打眼、集中爆破的工艺，即提前施工爆破断顶钻孔，集中一个班次逐个爆破。

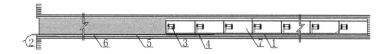

图7-5　炸药装药效果图1

1—定向被筒（φ63mm×1500mm）；2—爆破母线；3—同期毫秒延期电雷管；4—雷管脚线；

5—水泥锚固剂、炮泥；6—电源线；7—矿用二级水胶炸药

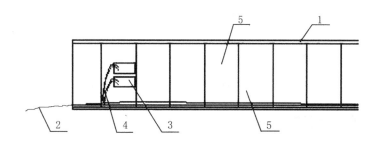

图7-6　炸药装药效果图2

1—定向被筒（φ63mm×1500mm）；2—电源线；3—同期毫秒延期电雷管；

4—雷管脚线；5—矿用二级水胶炸药

第三节　爆破施工安全技术措施

一、施工方案

1. 爆破施工工艺流程

为减少对工作面的影响，采取超前打眼、集中爆破的工艺，即提前准备好深孔爆破眼，集中一个班次爆破。

爆破工艺：准备爆破孔，并确保孔内无堵塞→准备定向PVC管、炸药、雷管等材料及专用工具→定炮、安装雷管，固定雷管引线→将装满炸药的定向PVC管分次送入孔底→袋装封孔器串联后通过注浆管送至炸药底端→利用气动注浆泵灌注封孔剂封孔→封孔注浆30min→撤除注浆泵、封孔管路等至安全地点，派人站岗、警戒→连线、起爆。

2. 操作步骤

（1）将与定向PVC管相同直径的专用炮杆送入孔底，来回抽拉炮杆清除炮眼内的煤粉或岩粉，直至孔内畅通为止。

（2）采用正向装药，使用定向PVC管作为装药的载体。

（3）在最外面的爆破载体筒底部 100mm 位置处用 8 号镀锌钢丝穿透两壁，防止爆破载体滑落。

（4）雷管之间的脚线连接处，雷管脚线与被筒导线连接处，被筒导线与爆破母线连接处，必须用绝缘胶布包裹好，做好防水处理。

（5）最下端的爆破载体连接导线与雷管脚线连接后，一起绑扎在倒刺上，防止联线被拉出。

（6）封孔：封孔材料为灌注封孔剂，封孔器具为气动注浆泵。

（7）封孔注浆 30min 后，撤除注浆泵、封孔管路等至安全地点。由现场安全负责人（班长）安排专人站岗、警戒。

（8）站岗警戒完毕后，由爆破工亲自连线，起爆。

（9）起爆方式：使用 FD200XS-B 型发爆器起爆。

二、爆破作业安全技术措施

1. 一般规定

（1）爆破期间，必须严格执行《煤矿安全规程》及其他各项规章制度，严禁违章指挥和违章作业。

（2）在整个爆破施工期间，现场必须指定一名安全负责人，严格按措施施工。

（3）在爆破地点（起爆位置）、站岗警戒人员所在地点必须分别设置一组压风自救装置。

2. 爆破管理

（1）井下爆破工作必须由专职爆破工担任，爆破工必须持证上岗，严禁无证操作。所有爆破人员，包括爆破、送药、装药人员，必须熟悉爆炸物品性能和遵守《煤矿安全规程》规定。

（2）专职爆破工必须固定在同一工作面，并严格执行"三人连锁爆破"制度，在起爆前检查起爆地点的甲烷浓度。

（3）井下严禁裸露爆破、明火爆破，不准截雷管脚线，不得使用过期或变质的爆炸物品，不能使用的爆炸物品必须交回爆炸物品库。

3. 爆炸物品领取、运输、存放

（1）爆破工必须携带公安机关发放的《爆炸物品注册人员管理卡》即 IC 卡领取爆炸物品，否则炸药库管理人员有权停止发放爆炸物品，严禁携带他人 IC 卡领取爆炸物品。

（2）电雷管必须由爆破工用专用雷管箱亲自运送，炸药应由爆破工或在爆破工监护下由其他人员用防撞击的材料箱或专用炸药包运送。严禁将爆炸物品装在衣袋内。

（3）领到爆炸物品后，必须直接送到工作地点，禁止中途停留，中途严禁乘坐人车，中途确需停留时，必须在顶板完好、支护完整并且避开机械、电气设备的地点；并不许在人员集中地点停留。

（4）运送到工作地点后，炸药、雷管必须分别存放在专用爆破器材箱内并加锁，爆破器材箱钥匙由爆破工随身携带，爆破器材严禁混放、乱扔、乱放。

4. 发爆器的使用管理

（1）井下爆破必须使用发爆器。发爆器必须采用矿用防爆型。

（2）爆破工凭牌领用发爆器，并在发放记录上签字，用完及时交还，不得将发爆器带回区队或任意放置在更衣橱内。

（3）爆破工在使用发爆器过程中发现发爆器存在故障时，及时通知工区值班人员，由值班人员再通知发放人员，以便及时维修。发爆器要妥善保管，严防损坏或丢失。发爆器必须爱惜使用，轻拿轻放，严禁碰撞，以免损坏线路板及其他原件。爆破时，应将发爆器置于工具包上或干燥的木板上，严防沾染煤泥等杂物，保持外观清洁。

（4）发爆器的把手、钥匙、遥控器必须由爆破工随身携带，严禁转交他人。不到爆破通电时，不得将把手或钥匙插入发爆器。爆破后，必须立即将把手或钥匙拔出，摘掉母线并扭结成短路。

5. 引药装配

（1）必须使用煤矿许用炸药和煤矿许用电雷管，煤矿许用炸药安全等级不得低于二级。煤矿许用毫秒延期电雷管最后一段的延期时间不得超过130ms。

（2）装配引药必须在顶板完好、支架完整、避开电气设备和导电体的爆破工作地点附近进行，严禁坐在炮药箱上装配引药，装配引药的数量以当时当地需要的数量为限，做到用多少做多少，不准多做。装配引药前切断工作地点的电源。

（3）抽出单个电雷管后必须将其脚线扭结成短路，引药装配只准由爆破工完成，不准他人代替。从成束的电雷管中抽取单个电雷管时，不得手拉脚线硬拽管体，也不得手拉管体硬拽脚线，应将成束的雷管顺好，手拉前端脚线将雷管抽出，且脚线末端要扭结短路。

（4）装配引药时，必须防止电雷管受振动、冲击、折断脚线和损坏脚线绝缘层。

（5）电雷管必须由药卷的顶部装入，严禁用电雷管代替竹、木棍扎眼，电雷管必须全部插入药卷内，严禁将电雷管斜插在药卷的中部或捆在药卷上。

（6）电雷管插入药卷后应用脚线将药卷缠住，电雷管脚线必须扭结，然后把电雷管固定在药卷内。

6. 装药操作及安全要求

（1）爆破前，班组长必须亲自布置专人将工作面所有人员撤离警戒区域，并在警戒线和可能进入爆破地点的所有通路上布置专人担任警戒工作。警戒人员必须在安全地点警戒。站岗警戒时必须拉线、挂牌，警戒范围内不准有人。爆破不结束，不准解除警戒，必须做到谁派岗、谁撤岗。爆破时必须设置好警戒。站岗警戒位置随工作面的推进动态调整，但必须确保站岗警戒位置距离爆破地点半径不小于150m，躲炮时间不小于30min，并在能进入工作地点的所有通道内站岗堵人。站岗警戒地点必须宽敞，人员不得撤至巷道交叉口及设备集中处。

站岗警戒位置共计两处。

站岗位置1：5309工作面1号切眼，站岗位置2：5309轨道顺槽。

（2）装药时，首先必须清除炮眼内的煤粉或岩粉，将药卷轻轻放入，不得冲撞或捣实，前后警戒距离不小于50m。炮眼内的各药卷必须彼此密接。装药后，必须把电雷管脚线悬空，严禁电雷管脚线、爆破母线与运输设备、电气设备以及采掘机械等导体相接触。

（3）装药前，爆破工要与班组长及瓦斯检查员一起对工作面及炮眼进行全面检查，有下列情况之一的，严禁装药、爆破：

①爆破地点附近20m以内风流中甲烷浓度达到或者超过1.0%。

②炮眼内发现异状、温度骤高骤低、有显著瓦斯涌出、煤岩松散等情况。

③采煤工作面风量不足。

（4）装药人员由爆破工、班组长及有经验的工人组成，装药人员不超过5人。每装完一个炮眼，雷管脚线要扭结短路且悬空，装药爆破前必须切断电源，爆破母线扭结短路，且保持正常通风。

（5）爆破工及装药人员要按照措施中爆破说明书规定的各炮眼装药量、起爆方式进行装药。

7. 封孔操作

（1）断顶炮孔采用灌注封孔剂、袋状封孔器配合气动式注浆泵封孔。

（2）封孔长度不小于孔深的1/3。

（3）封孔注浆后等待30min左右，待炮孔内封孔剂凝固后方可爆破。

8. 连线操作

（1）爆破前，脚线的连接工作可由经过专门训练的班组长协助爆破工进行。爆破母线连接脚线、检查线路和通电工作，只准爆破工一人操作。

（2）爆破母线必须采用铜芯绝缘线。严禁裸露、短母线爆破。

（3）爆破母线，长度不少于150m，不得有明接头。

（4）只准采用绝缘母线单回路爆破，严禁将轨道、金属管、水或大地等当作回路。爆破母线应随用随挂，不得使用固定爆破母线。

（5）爆破母线与电缆、信号线等分别挂在巷道的两侧。如果必须挂在同一侧，爆破母线必须挂在电缆的下方，并应保持0.3m以上的距离。

（6）每次爆破后，爆破母线必须及时缠起，严禁不缠线就进入工作面进行联炮或装药等工作。

（7）电雷管脚线和连接线、脚线与脚线之间的接头必须相互扭紧并悬空，不得与导电体相接触。

（8）爆破前，爆破母线必须扭结成短路。

9. 爆破操作

（1）每次爆破作业，爆破工、班组长、瓦斯检查工都必须在现场执行"一炮三检"和"三人连锁"制度，并在起爆前检查起爆地点的甲烷浓度。爆破前，爆破工将警戒牌交给班长，由班长派人撤人、警戒，并检查顶板与支护情况，将自己携带的放炮命令牌交给瓦斯检查工，瓦斯检查工检查甲烷、煤尘符合要求后，将自己携带的放炮牌交给爆破工，爆破工发出爆破命令进行爆破，爆破后，三牌各归原主。

（2）爆破前，班长必须清点人数，确认无误后，方准下达起爆命令。爆破工接到班长下达的起爆命令后，必须先发出爆破警号，至少再等5s后方可起爆。装药的炮眼应当当班爆破完毕，否则，当班爆破工必须在现场向下一班爆破工交接清楚。

10. 爆破后检查及处理

（1）起爆后，如炮未响，爆破工要将放炮母线扭结短路，等30min再去查找原因。

（2）爆破完成后，在进入作业地点时，必须由爆破工、瓦斯检查工和班组长首先详细检查回风流中及爆破地点甲烷浓度、一氧化碳浓度、氧气浓度。确认安全后，由班组长解除警戒岗后，其他人员方可进入施工地点工作。

（3）当班已装完炸药的爆破载体必须当班爆破完毕，严禁将爆破载体或装完炸药的爆破孔交接给下一班次。

（4）当班剩余的雷管、炸药由爆破员、班组长清点核实，并在领退单上签字，退回药库，严禁交给下班使用。

11. 爆破断顶要求

（1）装药后的断顶钻孔必须在当班爆破。

（2）在投送定向被筒的过程中，如将爆破引线挤断，可使用炮杆顶住定向被筒末端，将定向被筒慢慢引退出钻孔，并重新连线投药。如在此过程中无法将定向被筒引出，应将引线扭结短路，将定向被筒投送到孔底，然后自定向被筒底至孔口处5m段使用袋状封孔器、灌注封孔剂封堵。

（3）在投递定向被筒过程中，如定向被筒卡死在钻孔内，且定向被筒末端距离孔口小于5m时，该钻孔不再连线爆破，将引线扭结短路，在钻孔内从定向被筒底至孔口处用袋状封孔器、灌注封孔剂封堵。

（4）投递袋状封孔器过程中，出现封孔器卡在钻孔中而不能继续投送，如袋状封孔器与孔口距离低于5m时，该钻孔不再连线爆破，并从卡住位置起至孔口用袋状封孔器、灌注封孔剂封堵。

（5）投送爆破载体时，必须轻轻送入，严禁生硬顶入。

第四节　坚硬顶板聚能爆破效果检验

一、5304工作面爆破断顶效果评价

1. 微震监测数据分析

（1）微震时间序列分布

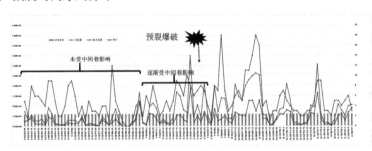

图7-7　微震多参量变化曲线

根据微震多参量变化特征，如图7-7所示，2020年8月1日至11月6日5304工作面回采期间微震参量波动较明显，受顶板预裂爆破影响明显。整体来看，初期5304工作面基本不受中间巷影响，整体微震能量较小；从9月5日开始，工作面在中间巷切割煤柱、采空区侧向支承应力影响下，微震事件活动频繁，每日微震频次和总能量逐渐增大，在实施顶板预裂爆破前，每日微震总能量、最大能量均达到最大值；在实施顶板预裂爆破后，出现微震总能量明显降低，微震频次显著增加的整体规律。表明预裂区域的顶板岩层处于悬露状态，具有活动空间，微震频次的增加说明岩体破裂持续进行，微震总能量和最大能量的降低说明爆破能够降低顶板岩层破断产生的动载强度。

（2）微震空间演化规律

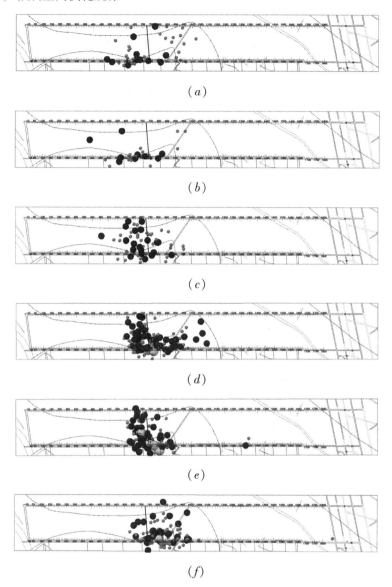

图 7-8　微震定位平面演化图

（*a*）8 月 1 日至 8 月 15 日；（*b*）8 月 16 日至 8 月 31 日；（*c*）9 月 1 日至 9 月 15 日；
（*d*）9 月 16 日至 9 月 30 日；（*e*）10 月 1 日至 10 月 15 日；（*f*）10 月 16 日至 11 月 5 日

如图 7-8 所示，根据 5304 工作面回采期间微震定位平面演化特征，工作面未受中间巷影响前，微震事件分布具有明显的区域性，在轨道顺槽侧大能量明显集中；随着工作面推进，在中间巷切割煤柱、采空区侧向支承应力影响下，大能量事件开始增多，继续在工作面靠轨道顺槽侧集中，工作面超前影响范围增加；在实施顶板预裂爆破后，轨道顺槽侧以小能量事件为主，大能量事件向工作面深部转移。

2. 钻屑法数据分析

如图7-9所示，5304工作面回采期间，钻屑量监测值均未出现超标现象。

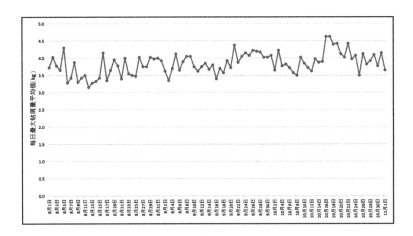

图7-9 钻屑量变化曲线图

3. 巷道围岩变形数据分析

对比两帮及顶底板合计移近量，巷道变形以两帮移近变形为主。

对比两帮及顶底板相对移近量，测站呈现非采帮移近量要大于采帮，顶板下沉量大于底鼓变形量，非采帮移近量＞顶板移近量＞底板移近量＞采帮移近量（图7-10）。

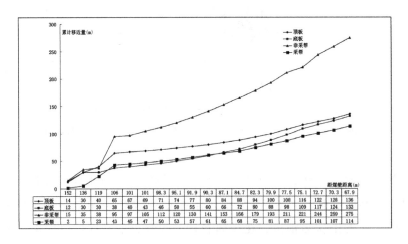

距煤壁距离(m)	152	136	119	106	101	101	98.3	95.1	91.9	90.3	87.1	84.7	82.3	79.9	77.5	75.1	72.7	70.3	67.9
顶板	14	30	40	65	67	69	71	74	77	80	84	88	94	100	108	116	122	128	136
底板	12	30	30	38	40	43	46	50	55	60	66	72	80	88	98	109	117	124	132
非采帮	15	35	38	95	97	105	112	120	130	141	153	166	179	193	211	221	244	259	275
采帮	2	5	23	43	45	47	50	53	57	61	65	68	75	81	87	95	101	107	114

图7-10 围岩变形量曲线图

4. 应力监测数据分析

由图7-11、图7-12可知，9月20日7：19进行顶板预裂，微震监测到能量为1.5×10⁴J事件，8：20钻孔应力计发生了明显的卸压，应力值从7.1MPa降至6.0MPa，这充分说明爆破破坏了上覆岩层的结构，降低了煤体的应力集中程度，之后该点应力计应力值保持平稳状态，说明卸压爆破取得了明显的效果。

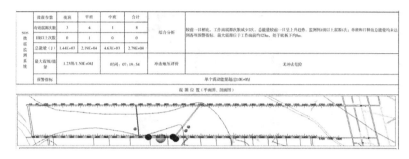

图7-11 顶板预裂微震事件分析

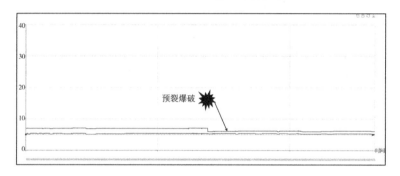

图7-12 顶板预裂应力变化

二、7302工作面爆破断顶效果评价

1. 顶板钻孔窥视分析（图7-13）

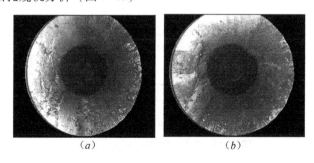

(a)　　　　　　　　　(b)

图7-13 爆破钻孔相邻孔中的裂隙分布

(a) 11000mm；(b) 13000mm；

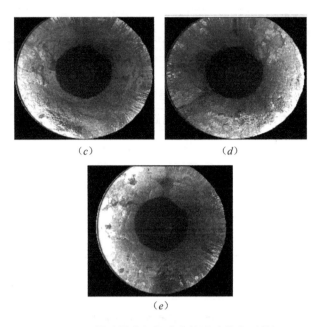

（c） （d）

（e）

图 7-13 爆破钻孔相邻孔中的裂隙分布（续）

（c）2150mm；（d）2150mm；（e）2350mm

图 7-13 所示为 7302 运输顺槽距 1 号切眼 170m 处爆破后的钻孔窥视结果，距爆破孔 2.5m 的检验钻孔位置。检测结果表明，在与爆破孔相邻的钻孔内，纵向裂缝较多，有 4 ~ 5 条。钻孔窥视结果表明孔内爆破效果较好。

2. 微震监测数据分析（图 7-14、图 7-15）

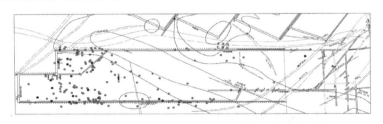

图 7-14 7302 工作面初采至今微震事件分布

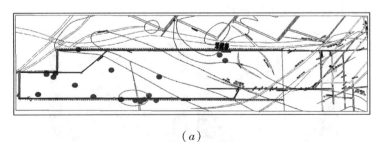

（a）

图 7-15 7302 微震定位平面演化图

（a）2 月微震事件分布；

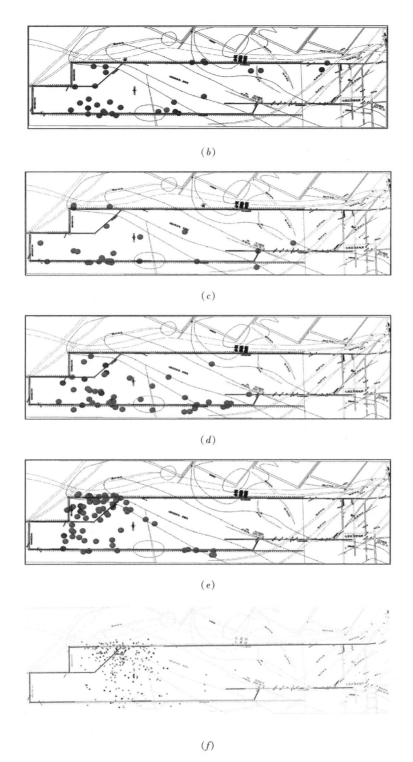

(b)

(c)

(d)

(e)

(f)

图7-15 7302微震定位平面演化图（续）

（b）3月微震事件分布；（c）4月微震事件分布；（d）5月微震事件分布；

（e）6月微震事件分布；（f）8月微震事件分布；

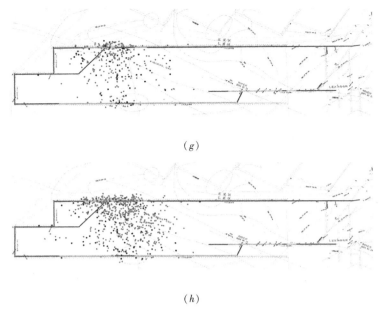

(g)

(h)

图 7-15 7302 微震定位平面演化图（续）

（g）9月微震事件分布；（h）10月微震事件分布

根据 7302 工作面回采期间微震定位平面演化特征，微震事件分布具有明显的区域性，在轨道顺槽侧明显集中；随着工作面推进，在 2 号切眼的影响下，大能量事件开始增多并发生偏移，在 2 号切眼附近及运输顺槽侧集中，工作面超前影响范围增加；在顶板爆破施工前 7302 工作面回采期间，工作面范围内大能量事件一般较少，微震事件能量等级一般在 $1×10^4$ J 以下，说明工作面顶板未充分垮落，存在大面积悬顶；在实施顶板预裂爆破后，轨道顺槽侧出现大于 $1×10^4$ J 的微震事件，沿工作面走向和断定爆破钻孔布置方向呈线性分布，说明该微震事件是由于爆破断顶施工引起的，说明了该区域内顶板断裂具有方向性，沿走向切顶作用明显，也有效地减少了大面积悬顶情况，因此通过对微震事件定位分析可知顶板爆破卸压效果明显。

3. 应力监测数据分析

由图 7-14、图 7-15 可知，9 月 5 日 5：35 进行顶板预裂，微震监测到能量为 $3.02×10^4$ J 事件，8：20 钻孔应力计发生了明显的卸压，应力值从 7.1MPa 降至 6.0MPa，这充分说明爆破破坏了上覆岩层的结构，降低了煤体的应力集中程度，之后该点应力计应力值保持平稳状态，说明卸压爆破取得了明显的效果。

第八章

基于现场试验的定向爆破断顶技术案例三

第一节　某矿断顶卸压技术研究

根据某矿采深、顶板赋存、地质构造以及开采方法等冲击地压影响因素，断顶卸压技术应主要用于存在走向悬顶、倾向悬顶以及地质构造区域的冲击地压灾害防治。

一、回采工作面走向悬顶卸压技术

工作面回采期间随着走向采空区范围增加上覆顶板岩层发生断裂，在初次来压、周期来压以及见方等特殊区域通过动载作用于煤体，当动载荷和静载荷叠加大于煤体强度时可能诱发冲击地压灾害；目前采用煤层大直径钻孔卸压解决了一部分煤体静载荷问题，对于动载荷的防治应采取断顶卸压技术；在初次来压、周期来压以及见方等特殊区域，设计合理的断顶方案降低上覆顶板岩层断裂产生的动载。

1. 初次来压期间

厚硬顶板岩层在初次来压时，厚硬顶板岩梁的最大弯矩在梁的两端，两端拉应力最大，当拉应力超过岩石的抗拉强度时，厚硬岩层被从两端拉断。

采用断顶卸压技术降低初次来压带来的动载，主要应在厚硬顶板岩梁的两端处预制裂隙，将初次来压期间顶板的突然断裂变为缓慢断裂；同时，降低初次来压步距，减小初次来压期间顶板沿走向的悬顶面积。

综上，在采用断顶卸压降低初次来压带来动载时，主要应采取切眼断顶爆破和工作面两巷倾向爆破，如图 8-1 所示。

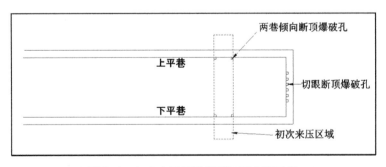

图 8-1　初次来压区域断顶卸压方案示意

2. 周期来压期间

周期来压时，厚硬顶板悬臂梁的最大弯矩在固支端，固支端处拉应力最大，厚硬顶板岩层从固支端被拉断。

采用断顶卸压技术降低周期来压带来的动载，主要应在巷道一定范围内厚硬顶板固支端处预制裂隙，将周期来压期间顶板的突然断裂变为缓慢断裂；同时，降低周期来压步距，减小周期来压期间顶板沿走向的悬顶面积。

综上，在采用断顶卸压降低周期来压带来的动载时，主要应采取工作面两巷一定范围内的倾向爆破，如图8-2所示。

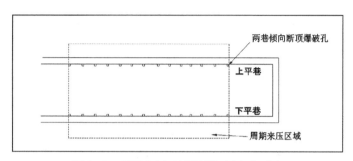

图8-2　周期来压区域断顶卸压方案示意

巷道倾向顶板爆破孔间距一般应小于工作面正常来压步距，从而减小顶板悬顶长度；同时两巷施工倾向断顶爆破孔，减小了厚硬顶板的冒落块度，有利于低位顶板进一步垮落充填采空区，避免低位岩层造成大范围悬顶从而高位岩层突然断裂诱发矿震或冲击地压灾害。

（1）矿井已经采取的措施

以2305工作面为例，原工作面周期来压步距为17~20m，故断顶爆破间距设计为15m；周期来压期间两巷倾向断顶爆破深度为3~4倍的采厚，采用扇形爆破孔布置（布置3~4孔）。周期来压期间两巷倾向断顶爆破孔布置如图8-3、图8-4、表8-1所示。

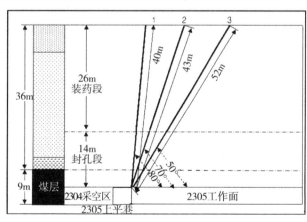

图8-3　2305上平巷周期来压期间沿倾向深孔顶板预裂爆破钻孔布置剖面图

表 8-1

钻孔编号	炮孔总长度（m）	垂直角度（°）	方位角（°）	装药长度（m）	封孔长度（m）	钻孔直径（mm）	药卷直径（mm）
			2305 上、下平巷周期来压期间顶板预裂爆破钻孔参数				
1	40	80	120	25	15	89	75
2	43	70	120	28	15	89	75
3	52	50	120	34	18	89	75
4	40	80	210	25	15	89	75
5	43	70	210	28	15	89	75
6	52	50	210	34	18	89	75

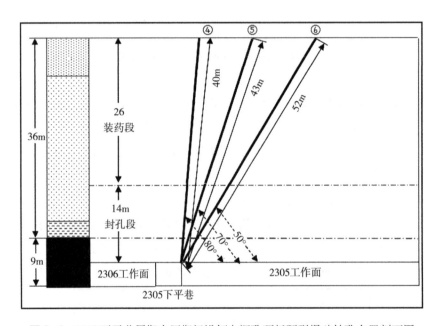

图 8-4　2305 下平巷周期来压期间沿倾向深孔顶板预裂爆破钻孔布置剖面图

（2）优化及改进后的设计原则

1）断顶孔方向：垂直巷道走向，向回采帮。

2）断顶孔深度：根据岩梁（关键层）高度，设计较高位和低位爆破参数，实施错层预裂，较高位预裂钻孔垂高应不小于 45m，低位预裂钻孔垂高应不小于 2～3 倍采高。

3）断顶孔间距：不大于 17m，推荐采用 15m。

4）钻孔布置：采用扇形孔布置三个孔，仰角分别为 80°、70°、50°。

5）钻孔孔径：89mm；药卷直径：75mm；装药长度：孔深2/3；封孔长度：孔深1/3。

二、采掘工作面侧向悬顶卸压技术

受工作面采空区侧向悬顶影响的区域主要为沿空巷道，其在掘进期间主要受侧向悬顶作用于煤体的静载荷影响，回采期间主要受二次采动作用于煤体的动载荷影响。

降低侧向悬顶静载：

对于掘进期间侧向悬顶的静载荷影响，其在掘进期间采取侧向顶板卸压技术难以解决问题，因为顶板爆破主要为预制裂隙，难以通过爆破作业直接切断侧向悬顶；对于沿空巷道掘进期间的侧向悬顶问题，应在上一工作面回采时在实体巷道进行走向断顶爆破，通过预制裂隙使得采空区侧向顶板及时垮落，降低对下一工作面沿空巷道影响，如图8-5所示。

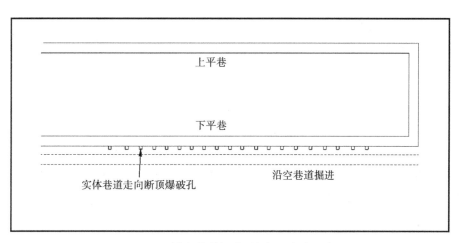

图8-5 沿空巷道掘进顶板卸压方案示意

1. 6305 工作面

（1）6305 矿井已经采取的措施

以6305工作面为例，为降低下一工作面沿空巷道掘进期间静载，下平巷走向断顶爆破孔靠近副帮侧施工，爆破孔与水平面夹角70°，孔深25m，孔间距5m，装药量30kg；装药段长为钻孔深度的1/2，封孔段不小于孔深的1/3，具体爆破孔布置如图8-6所示。

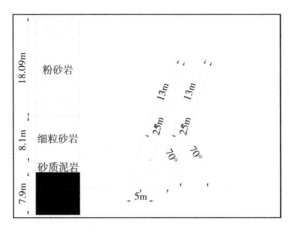

图8-6 6305工作面下平巷走向方向顶板爆破孔布置图

（2）6305工作面钻孔优化及改进后的设计原则

1）断顶孔方向：平行巷道走向，在实体巷道副帮处开口向副帮偏10°。

2）断顶孔深度：根据岩梁（关键层）高度，垂高应不小于2～3倍采高。

3）断顶孔间距：不大于8m，推荐采用5m。

4）钻孔布置：采用单孔布置，仰角为80°。

5）钻孔孔径：89mm；药卷直径：75mm；装药长度：孔深2/3；封孔长度：孔深1/3。

降低侧向悬顶动载：

对于回采期间二次采动侧向悬顶的动载荷影响，在上一个工作面实体巷道或本工作面沿空巷道开展走向断顶爆破均可以起到预制顶板裂隙，降低采空区侧向悬顶动载的作用，如图8-7所示。

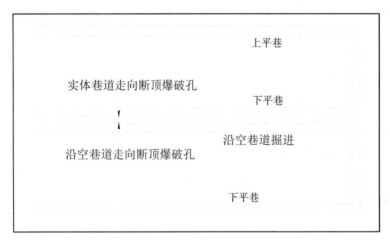

图8-7 沿空巷道回采顶板卸压方案示意

2. 2308 工作面

（1）2308 工作面已经采取的措施

2308 工作面掘进期间上一工作面实体巷道未进行走向断顶爆破，在 2308 工作面沿空巷道（上平巷）掘进期间动力显现严重，微震定位到 1×10^5 J 级别的能量事件，为降低掘进期间的侧向悬顶产生的动载能量，采取了走向断顶爆破措施。走向顶板爆破孔与巷帮夹角 90°，仰角为 80°，孔深 32m，间距 5m，孔径 89mm，装药量 48kg，封孔长度不低于孔深的 1/3（图 8-8、图 8-9、表 8-2）。

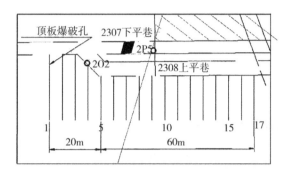

图 8-8　顶板走向爆破孔平面布置示意图

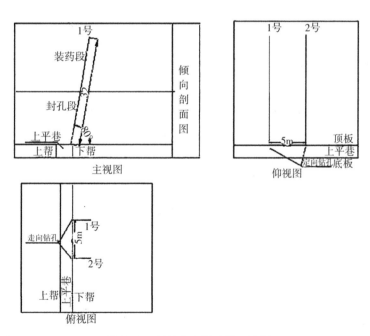

图 8-9　顶板走向爆破孔三视图

预裂爆破钻孔参数				表 8-2
炮孔总长度（m）	水平仰角（°）	装药量（kg）	封孔长度（m）	钻孔直径（mm）
32m	80	48	不低于孔深的 1/3	89

（2）2308 工作面钻孔优化及改进后的设计原则

1）断顶孔方向：平行巷道走向，在沿空巷道小煤柱帮处开口向小煤柱帮偏10°；钻孔施工过程中出现不返水现象，该孔不予爆破。

2）断顶孔深度：根据岩梁（关键层）高度，垂高应不小于 2～3 倍采高。

3）断顶孔间距：不大于 8m，推荐采用 5m。

4）钻孔布置：采用单孔布置，仰角为 80°。

5）钻孔孔径：89mm；药卷直径：75mm；装药长度：孔深 2/3；封孔长度：孔深 1/3。

三、顶板爆破现场施工方案研究

对某矿回采工作面走向悬顶、采掘工作面倾向悬顶以及地质构造区域断顶卸压技术进行了理论分析研究，提出了相应的断顶卸压方案。根据不同的断顶卸压方案将顶板爆破孔主要分为：两巷倾向断顶爆破孔、切眼断顶爆破孔、两巷超深爆破孔、实体巷道走向断顶爆破孔、沿空巷道走向断顶爆破孔、断层顶板爆破孔和褶曲顶板爆破孔等。结合现场情况，分别对不同顶板爆破孔施工方案进行论述。

1. 两巷倾向断顶爆破孔

倾向断顶爆破孔主要采用扇形爆破孔进行设计，以 2305 工作面为例，倾向爆破孔设计如图 8-10、图 8-11、表 8-3、表 8-4 所示。

2305 上、下平巷主要处理顶板以上垂深 36m 内的坚硬岩层，在打钻过程中需要穿过巷道顶板顶煤高度 4m 左右，故顶板孔的垂深约为 40m。沿 2305 上、下平巷走向每隔 15m 施工一组顶板预裂爆破孔。

2305 上平巷倾向深孔顶板预裂爆破钻孔参数						表 8-3
钻孔编号	炮孔总长度（m）	垂直角度（°）	方位角（°）	装药长度（m）	封孔长度（m）	钻孔直径（mm）
1	39	80	240	25	14	89
2	43	70	240	28	15	89
3	52	50	240	34	18	89

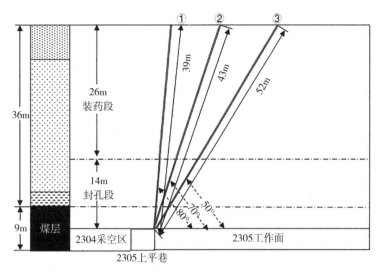

图 8-10 2305 上平巷沿倾向深孔顶板预裂爆破钻孔布置剖面图

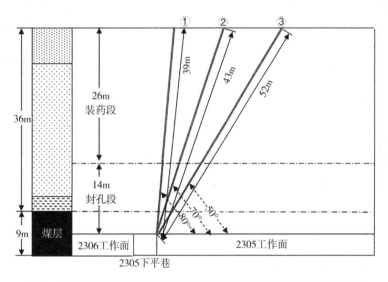

图 8-11 2305 下平巷工作面内深孔顶板预裂爆破钻孔布置剖面图

2305 下平巷顶板预裂爆破钻孔参数   表 8-4

钻孔编号	炮孔总长度（m）	垂直角度（°）	方位角（°）	装药长度（m）	封孔长度（m）	钻孔直径（mm）
1	39	80	240	25	14	89
2	43	70	240	28	15	89
3	52	50	240	34	18	89

两巷倾向超深孔爆破主要指在两巷倾向断顶爆破的基础上增加爆破孔长度和装药深度。

2. 切眼断顶爆破孔

切眼断顶爆破孔主要用以降低初次来压强度，以 2305 工作面为例，2305 新开切眼后方布置倾向顶板爆破孔，每隔 15m 设计一组钻孔，每组一个钻孔，钻孔倾角 80°，在打钻过程中需要穿过巷道顶板顶煤高度 4m 左右，故顶板孔的垂深约为 40m（表 8-5、图 8-12）。

2305 切眼顶板预裂爆破钻孔参数 表 8-5

钻孔编号	炮孔总长度（m）	垂直角度（°）	方位角（°）	装药长度（m）	封孔长度（m）	钻孔直径（mm）
1	39	80	30	25	14	89

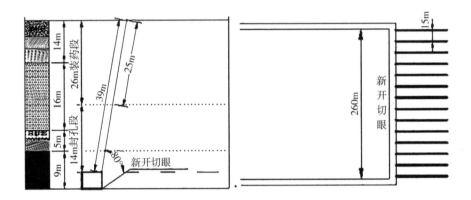

图 8-12 2305 新开切眼北侧顶板预裂爆破钻孔布置图

3. 巷道走向断顶爆破孔

（1）实体巷道走向断顶爆破孔

实体巷道走向断顶爆破孔主要在实体巷道非开采帮进行施工，以 6305 工作面下平巷为例，走向钻孔沿巷道走向布置，与水平面夹角 70°，孔深 52m，间距 5m，装药量 69kg。装药段长度参考装药量要求，不得低于装药量要求，封孔段不小于孔深的 1/3。钻孔布置剖面如图 8-13 所示。

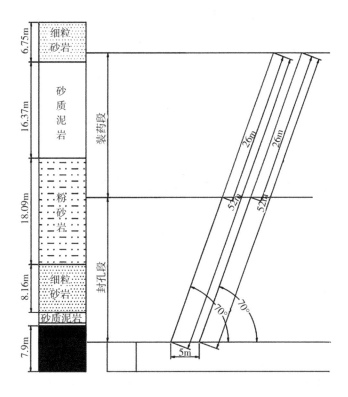

图8-13 实体巷道走向断顶爆破孔布置示意

（2）沿空巷道走向断顶爆破孔

沿空巷道走向断顶爆破孔主要在巷道煤柱帮进行施工，以2305工作面上平巷为例，钻孔布置如图8-14、表8-6所示。

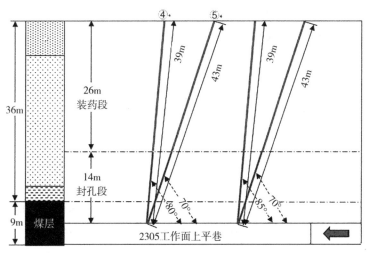

图8-14 2305上平巷沿走向深孔顶板预裂爆破钻孔布置剖面图

钻孔编号	炮孔总长度（m）	垂直角度（°）	方位角（°）	装药长度（m）	封孔长度（m）	钻孔直径（mm）
4	39	80	150	25	14	94
5	43	70	150	28	15	94

第二节　某矿顶板深孔爆破参数设计

某矿目前主要采掘工作面为 6305 回采工作面和 2308 掘进工作面，其实施的断顶卸压方案如下。

一、6305 回采工作面

由于受坚硬顶板影响，对 6305 工作面局部区域采取顶板预裂措施。

1. 爆破预裂位置

6305 回采工作面采用全部垮落法管理顶板，工作面顶板上方存在单层厚度超过 10m 的砂岩关键层，且基本顶即为厚层砂岩层，随工作面推进，近距离坚硬岩层发生破断，工作面会出现来压现象。当回采距离接近工作面长度时，回采工作面初次"见方"，工作面上方岩层活动范围达到最大，破断岩块稳定性差，易形成较强矿压显现。由于 6305 工作面埋深较大，顶板上方的关键层断裂产生的动载会波及工作面，对工作面回采产生一定的影响。6305 工作面内存在几条横穿工作面的大断层，也易对回采工作面产生影响。针对上方顶板破断和断层对回采工作面产生的影响，设计在重点区域实施顶板爆破预裂。

设计在工作面开切眼区域沿工作面走向、初次来压区域上下平巷沿工作面倾向、"见方"区域上下平巷沿工作面倾向、停采线区域上下平巷沿工作面倾向及大断层附近上下平巷沿工作面倾向对顶板进行预裂爆破。

2. 顶板预裂爆破区域施工参数

顶板预裂爆破区域为工作面开切眼、初次来压区域超前工作面 30～50m 上下平巷范围、初次"见方"区域两巷超前 230m 左右范围、停采线后方 30m 左右上下平巷范围、距断层 10～30m 上下平巷范围和下平巷距断层 10～30m 相对应的上平巷范围内。顶板预裂爆破需在工作面回采前提前完成。处理高度依据 6305 工作面 L-6 钻孔柱状图确定。煤层上方 100m 范围覆岩特征参数如表 8-7 所示。

L-6 号钻孔煤层上方 100m 范围覆岩特征参数计算表　　　　表 8-7

序号	岩性	层厚（m）	弱面递减系数	特征参数
6	细砂岩	6.75	1	6.75
5	砂质泥岩	16.37	0.62	10.1494
4	粉砂岩	18.09	1	18.09
3	细砂岩	8.16	1	8.16
2	砂质泥岩	1.82	0.62	1.1284
1	泥岩	0.5	0.62	0.18
合计		51.69		44.4578
等效值		100		86

　　根据 L-6 钻孔可知，6305 回采工作面附近煤层上方 100m 范围覆岩存在单层厚度超过 10m 的砂岩，如厚度 18.09m 的粉砂岩，其顶板距 3 煤层较近。工作面回采后，厚层岩层不仅因悬顶而导致弯曲弹性能在煤体内的积聚，还会因岩层断裂产生冲击动载，为冲击地压发生提供力源条件。由于 6305 工作面采用全部垮落法管理顶板，顶板垮落高度较高，冲击地压主控岩层为近距离 18.09m 粉砂岩，因此顶板预裂针对近距离 18.09m 粉砂岩进行预裂设计。

　　6305 工作面开切眼范围顶板预裂在回采前完成。预裂爆破参数：顶板爆破孔与工作面走向成仰角 70°，每组施工 1 个孔，组间距 15m，孔径 89mm。钻孔深度 30m，其中装药段 15m，封孔段 15m，每孔装药约 35kg。

　　6305 工作面下平巷距断层 10~30m 相对应的上平巷范围和上、下平巷距开切眼 30~50m、180~310m、滞后停采线 10~30m、距断层 10~30m 范围内实施顶板倾向预裂爆破，超前工作面 350m 或在回采前完成。

　　预裂爆破参数：上、下平巷顶板倾向爆破孔组间距 15m，孔径 89mm。上平巷每组施工倾向孔 3 个，下平巷每组施工倾向孔 3 个。设计倾向钻孔沿工作面倾向布置，与水平面夹角 80°、70°、50°，钻孔深度分别为 23、25、30m，装药量分别为 25、30、35kg。上平巷走向断顶爆破孔靠近上帮煤柱侧施工，爆破孔与水平面夹角 70°，孔深 25m；两组倾向断顶孔之间布置 2 个走向孔，孔间距 5m，装药量 30kg。装药段长度为钻孔深度的 1/2，封孔段不小于孔深的 1/3。具体爆破孔布置如图 8-15~图 8-18 所示，因钻孔塌孔导致装药受阻、装药量不足时，必须详细记录影响原因，并汇报专业部门批准。

　　对于斜切工作面的大断层，设计在断层与两巷相交位置，参照倾向钻孔布置对断层面实施松动爆破。为了提高爆破效果，可适当调整爆破孔深度和角度。

图 8-15　顶板预裂爆破钻孔布置平面示意图

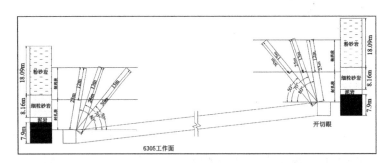

图 8-16　6305 工作面上、下平巷工作面内倾向顶板爆破孔剖面图

　　原则上一孔一放，根据巷道围岩支护情况，可增加起爆孔数。钻孔孔壁出现塌孔无法装药时，该孔不再定炮起爆。严格执行躲炮半径 300m，躲炮时间 30min 的安全措施。

　　以上为理论设计结果，爆破参数在实际施工过程中，可根据现场情况和爆破效果加以优化。

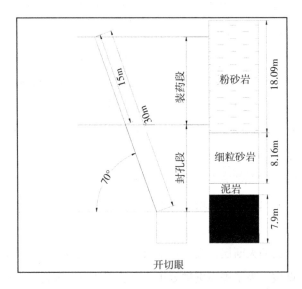

图 8-17　6305 工作面开切眼走向方向顶板爆破孔布置图

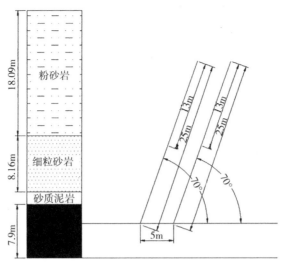

图8-18 6305工作面上平巷走向方向顶板爆破孔布置图

二、2308 掘进工作面

根据2308上平巷微震和应力综合分析，2308上平巷掘进期间，受采空区侧向应力、煤层分叉等影响，存在冲击危险，需对2308上平巷掘进期间采取顶板卸压措施进行超前扰动。

1. 顶板预裂爆破孔施工参数

2308上平巷导线点202处及以北60m至以南20m，共计80m范围，施工走向顶板爆破孔，与巷帮夹角90°，仰角80°，孔深32m，间距5m，孔径89mm，装药量48kg，封孔长度不低于孔深的1/3（图8-8、图8-9、表8-2）。

2. 上一工作面见方影响区爆破参数

2308上平巷导线点209以北160m范围，在2308上平巷下帮施工走向爆破孔，倾向实体侧施工，与巷帮夹角90°，仰角80°，孔深51m，间距15m，装药量75kg，封孔长度不低于孔深的1/3（图8-19、表8-8）。

顶板爆破钻孔参数 表8-8

炮孔总长度（m）	水平夹角（°）	装药量（kg）	封孔长度（m）	钻孔直径（mm）
51	80	75	不低于孔深1/3	89

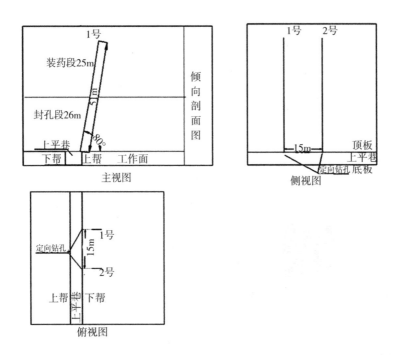

图 8-19 顶板走向爆破孔三视图

第三节 爆破施工专项安全技术措施

一、施工准备及爆破施工流程

1. 施工准备

（1）设备防护

爆破前，必须对放炮附近的电缆、管线、通信设施等用旧皮带防护，防止放炮打坏。

（2）爆破施工所需材料及工具

煤矿许用水胶炸药或者煤矿许用乳化炸药、同期毫秒延期电雷管、发爆器、导爆索、爆破母线、水泥、气线、注浆泵、截门、胶管、变通及符合《煤矿用阻燃爆破母线技术条件》MT/T 930—2005 标准的炮杆、绝缘胶布、胶带等。

（3）放炮区域加强支护

放炮前，排查顶板支护情况，复棚区域不再打设单体等主动支护，对顶板破碎或淋水区域，需在爆破孔前后支设液压单体支柱加强支护，且支设单体不低于 2 棵，并配铰接顶梁，保证单体支柱初撑力不低于 2MPa。

2. 爆破施工流程

（1）爆破工艺

使用乳化炸药时：领取炸药、雷管、导爆索等爆破材料及专用工具→装被筒→用炮杆投孔（确定实际孔深符合要求，并确保孔内无异物堵塞）→撤人站岗→装药定炮→封孔注浆→爆破。

使用水胶炸药时：领取炸药、雷管、导爆索等爆破材料及专用工具→用炮杆投孔（确定实际孔深符合要求，并确保孔内无异物堵塞）→撤人站岗→装药定炮→封孔注浆→爆破。

（2）起爆与爆破方式

起爆时使用发炮器起爆。

（3）装药量

根据钻孔孔深，单孔装药量为35~99kg不等。

3. 顶板爆破操作流程

使用乳化炸药时，需先进行被筒装药，从第1条开始执行，若使用成品水胶被筒炸药，从第2条开始执行（水胶炸药规格：长度1m，重量5kg）。

（1）被筒装药

1）将乳化炸药装入PVC管制作的被筒，每根炸药0.2m，重约0.15kg，每组炸药4根，共计装10组；被筒规格：φ75mm，长度2.0m，每个被筒装药量约6kg。

2）被筒下端采用导爆索连接，被筒下端导爆索长度不低于30cm。

（2）定炮

1）定炮前，将与定炮无关的人员全部撤至放炮警戒线以外的安全地点，警戒线拉在定炮地点20m以外，严禁在定炮地点从事其他任何工作。

2）装药前，采用细钢丝穿设在炸药中间，避免在投放炸药过程中下滑。

3）装入炮孔炸药前，首先采用PVC炮杆探测钻孔实际深度，并清除干净钻孔内残留的煤岩粉，确定钻孔深度正常、符合措施要求、无残留煤岩粉后，方可进行装药。如果钻孔深度不够，不允许定炮，需要重新掏孔或者重新开孔，若孔内出水较大，需请示防冲专业领导是否需要定炮。

4）采用正向连续装药，缓慢送至孔底。

5）导气管（反浆管）与脚线固定在最下一根炸药上，引出炮眼外。

6）装药需要搭设牢固的操作平台或使用加工的操作平台时，操作平台铺设厚度大于5cm的木板，合梯需专人扶梯。

7）定炮完毕后，裸露在孔外的气线和脚线，要在顶板或者帮部盘成同直径圆环盘，将脚线两线头扭结，用绝缘胶带缠绕包裹，禁止裸露在外；若帮部或顶板存在电缆，脚线头距离电缆不小于2m。

4. 封孔注浆

（1）当采用水泥浆封孔时

1）将棉纱团缠绕于注浆管（长度约2m）上，露出孔外0.3~0.5m。

2）在孔口注浆管接头上安装一个KJ19mm的球形截止阀，并利用KJ19mm胶管与注浆泵出浆管相连。

3）浆液配比。根据封孔长度、孔径等参数计算出需用的注浆量。采用强度等级42.5级的普通硅酸盐水泥，水灰比1:1.8。

4）注浆泵、注浆管连接。将注浆泵进风口用ϕ19mm胶管与巷道内高压风连接。将注浆泵出浆口用ϕ19mm胶管与孔口注浆管上KJ19mm截止阀连接。

5）注浆。注浆前，检查注浆泵及风水管路是否畅通，发现存在问题，及时处理。必须使用透明容器（如矿泉水瓶）测试回液管出气情况，其作用是测试回液管是否吐气，若不吐气，说明回液管可能堵塞或者钻孔内存在裂隙，若确定孔内存在裂隙，这样就可以适当加快注浆速度，提高效率；若不好确定，就先缓慢注浆，再明显提高速度，如果仍不明显，继续缓慢注浆，确保注浆量不低于200kg。

6）注浆时，要缓慢加压，压力不大于2MPa（以吸浆口能正常吸浆为准），注浆至回液管口流出浆液，表明注浆量已至设计位置，停止注浆。注浆完毕后，关闭孔口KJ19mm截止阀，拆下ϕ19mm胶管，再次启动注浆泵，用清水冲洗注浆管路。

7）注浆完毕，将注浆管按照180°折弯后，用钢丝或炮线缠绕捆绑结实，确保不回浆后，将注浆头和球阀拆下来，用清水清洗后，留作备用；回液管齐孔减掉，尾料回收。

8）全部注浆工作完成后，首先将注浆泵风水管内浆液冲洗干净（吐清水为止），然后把注浆泵和好的风水管盘后靠帮存放，并严格按照规定防冲固定，不得遮挡人行道；最后将现场尾料清理干净，巷道帮部各类牌板管线上溅落的水泥用水冲洗干净。

9）注浆完成后，凝固时间不低于24h（使用快速封孔封装囊除外）。

（2）当使用封孔器+速凝封孔材料封孔时

1）施工前必须确保钻孔已清理干净，检查确认封孔管、封孔材料、注浆设备等是否齐全、完好。

2）封孔器前段需做倒刺，使用炮杆将封孔器送入指定位置。

3）采用煤矿用气动注浆泵，将SJHS型速凝膨胀封孔剂按水灰质量比1:1进行配比，并且搅拌均匀，注浆过程中不停搅拌，注入的浆液灌注鼓起囊袋，观察压力表，待压力达到2MPa时停止注浆。

4）囊袋封孔装置在送入钻孔时要缓慢进行，以防封孔囊袋被钻孔孔口尖锐的金属器物划破。

5）凝结速度快，浆体注入钻孔逐渐变稠时间为：0.5~1h，注浆体形成强度时间一般为2~3h。

5. 爆破

（1）爆破前准备

1）爆破作业前，爆破工必须作电爆网络全电阻检查。严禁用发爆器打火放电检测电爆网络是否导通。

2）爆破前，检查封孔质量，确保封孔质量合格，并排查放炮区域顶板及两帮支护情况，若顶板破碎，需对爆破影响区域顶板加强支护，并支设单体液压支柱或单元式超前液压支架，否则严禁爆破。

（2）站岗撤人

放炮前，当班班组长必须点清人数，将施工地点本班人员全部撤出，并亲自布置专人，在警戒线和可能进入放炮地点的所有相连通的巷道内布岗警戒，警戒人员必须在有掩护的安全地点进行警戒，每处站岗地点安排两人前往，一人站岗，一人回来通知站岗完毕。

（3）敷设爆破母线

站岗完毕后，由爆破工连接脚线与爆破母线，沿巷道逐步退出放炮地点，并沿途检查爆破母线是否符合要求，爆破工必须最后一个退出放炮地点。

（4）起爆

1）爆破工撤至发爆地点后，随即发出第一次爆破信号。

2）爆破工接到班组长的爆破命令后，将母线与发爆器相接，并将发爆器钥匙插入发爆器，转至充电位置。

3）第二次发出爆破信号，再等5s，发爆器指示灯闪烁稳定后，将发爆器手把转至放电位置，电雷管起爆。

4）电雷管起爆后，拔出钥匙将母线从发爆器接线柱上摘下，并扭结成短路；拔出放炮器钥匙。

（5）撤岗

1）放炮结束30min后，放炮员和班组长先进入放炮地点巡视，检查通风、瓦斯、煤尘、顶板、支架、拒爆、残爆等情况，如果有危险情况必须立即处理。只有在工作面的炮烟被吹散、警戒人员由布置警戒的班组长亲自撤回后，人员方可进入工作面工作。

2）放炮结束后，将雷管脚线齐孔剪掉，并将放炮母线整理好，放在专用工具箱内，清理现场卫生。

二、爆破施工安全技术措施

1. 爆破工职责

（1）必须严格执行《煤矿安全规程》和上级有关规定。

（2）必须严格执行炸药、雷管领退、存放、制作引药、定炮、联线、爆破和处理拒爆等有关规定。

（3）爆破工必须持爆破工证。

（4）当班剩余的雷管、炸药由班组长清点核实，并在火药领退记录本上签字后退回药库，库管员必须认真清点核实爆破工退回的雷管、炸药并签字。

（5）严禁领取脚线不扭结、不编号及编号不属于自己的电雷管。

2. 炸药及雷管取一运一存

（1）爆破施工前，通防部领取公安局下发的专用记录本，专人专本，记录本必须保证完整，不准撕页，记录本由放炮员负责填写，退库时放在药库进行保存。所有记录本必须保证完好，至少存档两年。

（2）严格执行爆破作业民用爆炸物品的发放、领取、使用、清退安全管理规定，爆破员根据施工需要持 IC 卡、领料单、领退记录本到爆炸物品库领取爆炸物品。爆破员严禁将 IC 卡交由他人代领。发放、领取、清退民用爆炸物品时，保管员、安全员、爆破员必须同时在场、登记签字、监控录像。安全员监督爆破员按照爆破设计和当班用量领取民用爆炸物品；保管员清点、核对、记录发放民用爆炸物品品种、数量，按规定利用手持机进行发放。发放完毕保管员、爆破员、安全员在领退记录本、发放记录上签字，发放过程中安全员必须在现场监督。到达工作地点后现场班组长必须验收爆炸物品并在领退记录本上签字。

（3）爆破材料的运送由调度站值班人员统一安排。

（4）爆破材料运送人员必须经过培训，考试合格，持证上岗。运输爆破材料必须使用专用车。

（5）使用胶轮车运送爆破材料，胶轮车上配备 4 个 8kg 干粉灭火器。

（6）装卸爆破材料必须轻拿轻放，严禁抛掷、冲撞或猛烈振动。炸药、雷管使用两辆车分别进行运输，人员坐在车的前部，炸药放在车的后部，炸药箱不准倒放、立放或侧放。

（7）电雷管必须由爆破工亲自运送，炸药由爆破工或在爆破工监护下由熟悉《煤矿安全规程》有关规定的人员运送。炸药、雷管运送时必须分装在药包和雷管盒内。爆破材料必须装在耐压和抗冲击、防震、防静电的非金属容器内，电雷管和炸药不应装在同一容器内。严禁将爆破材料装在衣袋内。领到爆破材料后，应直接送到工作地点，严禁中途逗留。到达工作地点后，必须把炸药、雷管分别放在合格的炸药箱、雷管盒内，并上锁。

（8）井下运输爆破材料：采用专用胶轮车运输，运行速度不得超过 2m/s。运送应避开人员上下井时间和交接班时间，领取炸药人员在永久炸药库门口等待无轨胶轮车，通知调度站值班人员，调度人员安排车辆运送，保证押运路线畅通无阻。

3. 爆破安全技术措施

（1）施工前必须严格执行敲帮问顶制度，应由两名有经验的人员担任这项工作，一人敲帮问顶，一人观察顶板和退路，敲帮问顶人员应站在安全地点，观察人应站在找顶人的侧后方，并保证退路畅通，使用长度不低于 2.5m 的长把工具摘除危岩悬矸，认真检查顶帮支护情况，发现问题立即采取措施处理，确保安全后方可进行下一步工作。

（2）装药前，要将距放炮地点 20m 范围内的易损物件用废旧皮带等保护好，严防煤（矸）块飞出伤及人员及损坏机电设备。

（3）现场安监员监督放炮员工作。由放炮员定炮，可由熟悉流程的老工人协助定炮，与定炮无关的人员应全部撤至放炮警戒线以外的安全地点，警戒线拉在定炮地点 20m 以外，严禁在定炮地点从事其他任何工作。

（4）将炸药放入孔底及抽出炮杆过程中，孔口下方及坠落方向严禁站人，防止炸药掉落伤人。在投送药卷的过程中，如炸药出现下滑，应使用 PVC 管顶住药卷末端，将药卷慢慢引退出钻孔，并重新穿钢丝投药；如在此过程中无法将药卷引出，应将药卷投送到孔底，并再次投送一组药卷至孔底，注浆封孔后起爆。

（5）放炮员、班组长发现问题及时处理；有下列情况之一者，不准装药：

1）施工地点支护不齐全、不可靠；

2）爆破地点 20m 以内，有未清除和撤出的煤、矸、机电设备或其他物体阻塞巷道三分之一以上时；

3）装药地点 20m 以内煤尘堆积飞扬时；

4）装药地点 20m 范围内风流中瓦斯浓度达到 1% 时；

5）炮眼内出现异状，温度骤高骤低，炮眼出现塌陷、裂缝，有压力水、瓦斯突增等；

6）工作面风量不足或局部通风机停止运转时；

7）炮眼内煤（岩）粉末清除不干净时；

8）炮眼深度、角度、位置等不符合规定时；

9）装药地点有片帮、冒顶危险时；

10）发现拒爆未处理时。

（6）做炮头、施工地点定炮联线、放炮等整个过程必须由放炮员亲自完成，且必须在安监员的监控下操作。制作炮头严格按照《煤矿安全规程》（2022年）第三百五十六条规定："装配起爆药卷时，必须在顶板完好、支护完整，避开电气设备和导电体的爆破工作地点附近进行。严禁坐在爆炸物品箱上装配起爆药卷。装配起爆药卷数量，以当时爆破作业需要的数量为限。"

（7）装药、封孔过程中应安排专人指挥整个过程，同时钻孔侧下方应站一人员把好投药方向，严禁站在孔口正下方及炸药滑落方向。

（8）定炮完成后，必须及时封孔注浆，若因特殊原因暂无法封孔注浆，需要将孔口用8号镀锌钢丝织网封堵，网格长宽不得大于3cm，严禁人员在孔口区域内逗留，若因工作需要，必须经过该区域时，必须快速通过。

（9）放炮站岗撤人：

放炮前，整个受影响巷道除6305放炮人员作业外，其他施工位置当班严禁再安排人作业。

1）上平巷爆破时：

①第一组人员：

第一组两人从定炮位置沿6305上平巷向南行走300m，留一人站岗，另一人沿着上平巷返回，到达定炮位置。

②第二组人员：

第二组两人从上平巷定炮位置沿6305上平巷到达距爆破地点300m位置后返回清理巷道内人员，原路返回到达定炮位置。定完炮后由班组长、放炮员撤出所有人员，沿6305下巷撤至距爆破孔300m以外躲避。

③第三组人员（影响至联巷区域时）：

第三组两人从上平巷定炮位置沿6305上平巷到达联巷下交叉口留一人站岗，另一人返回清理巷道内人员，原路返回到达定炮位置。

2）下平巷爆破时：

①第一组人员：

第一组两人从定炮位置沿6305下平巷向南行走300m，留一人站岗，另一人沿着下平巷返回，到达定炮位置。

②第二组人员：

第二组两人从下平巷定炮位置沿6305工作面到达距爆破地点300m位置后返回清理巷道内人员，原路返回到达定炮位置。定完炮后由班组长、放炮员撤出所有人员，沿6305下巷撤至距爆破孔300m以外躲避。

③第三组人员（影响至6306联巷区域时）：

第三组两人从下平巷定炮位置沿6305下平巷到达6306联巷下交叉口以南20m，留一人站岗，另一人返回清理巷道内人员，原路返回到达定炮位置。

④第四组人员（影响至6305联巷区域时）：

第四组两人从上平巷定炮位置沿6305下平巷到达6305联巷以上交叉口以南20m，留一人站岗，另一人返回清理巷道内人员，原路返回到达定炮位置。

（10）脚线连接与敷设爆破母线：

1）电雷管脚线与母线联线必须由爆破工操作。

2）电雷管脚线和连接脚线之间的接头，都必须悬空，不得同任何物体接触。

3）放炮母线必须使用符合规定要求的专用放炮线缆，禁止将金属管、电缆等导体当作回路或母线使用。

4）放炮母线与电缆、电线信号线应分别悬挂在巷道两侧，如果必须挂在同一侧时，放炮母线必须挂在电缆等线的下方，并保持0.3m以上的间距。

5）放炮母线两端头在与脚线、放炮器连接前必须扭结短路。

6）放炮母线的敷设长度不小于放炮安全距离。

7）放炮母线必须随用随挂，以免发生误接。

（11）起爆安全技术措施：

1）放炮必须由防冲工区副区长及以上管理人员、安监处人员现场盯班，排查现场顶板、通风等隐患，确认安全后方可放炮。

2）必须严格执行"一炮四检""三连锁"和"三保险"制度。"一炮四检"即装药前、放炮前、放炮后必须检查放炮地点附近20m风流中的瓦斯浓度及起爆前检查起爆地点的瓦斯浓度，瓦斯浓度超过1%时，严禁装药放炮。"三连锁"即执行"三人连锁"制度，放炮前放炮员将警戒牌交给班组长，班组长派人警戒并将命令牌交给瓦检员，瓦检员检查瓦斯浓度，合格后将放炮牌交给放炮员，放炮员放炮后将三牌物归原主。"三保险"即站岗、拉绳挂牌、吹哨。

3）起爆器的钥匙或手把必须由放炮员随身携带，严禁转交他人，更不准将钥匙插入起爆器，爆破后随手将钥匙拔掉，摘掉母线并扭结成短路。

4）原则上执行"一孔一放"，根据巷道围岩支护情况，可增加起爆孔数量。钻孔孔壁出现塌孔无法装药时，该孔不再定炮起爆。

5）放炮后撤岗：爆破结束后，等待30min，班组长、放炮员必须亲自巡视放炮地点，检查通风、瓦斯、煤尘顶板、支护、拒爆、残爆等情况，如果有危险情况必须立即处理。确认安全无误后，班组长安排人员撤岗（撤岗人员与回来通知放炮人员必须是同一人），站岗人员在未见到撤岗人员前，严禁任何人员进入警戒范围，确定无误后方可确认爆破结束，撤除警戒。

未尽事宜，严格按《煤矿安全规程》（2022 年）第三百二十六至三百七十三条规定执行。

（12）残爆、拒爆的确定：

1）爆破结束至少 30min 后，爆破工、安监员和班组长方可进入爆破区域，必须首先巡视爆破地点，检查通风、瓦斯、煤尘、顶板、拒爆、残爆等情况，如有危险情况，必须及时处理。

2）在班组长、安监员的指导下进行，首先要对爆破地点的危岩进行处理，摘除悬矸，执行好敲帮问顶制度。

3）进行确认时，放炮员在班组长和现场安监员的监督下进入施工地点，查看脚线情况，若出现脚线扭结在一起或是装药位置煤岩体无明显变化的情况则初步视为拒爆；放炮员在班组长与安监员确认后，重新进行连线，然后严格执行躲炮制度后进行再次放炮。若仍出现初次放炮后的情况则确定为拒爆，执行拒爆处理措施。

4）放炮后，都必须认真检查好残爆、拒爆，确保安全后，方可继续施工。

（13）处理拒爆：

1）进行导电试验，若雷管导通，则重新连线起爆，若不导通则雷管已起爆。

2）在拒爆处理完以前，严禁在该地点进行与处理拒爆无关的工作。

3）处理拒爆时，在炮孔孔口不少于 10 炮孔直径处另打平行孔装药起爆，爆破参数由爆破工程技术人员确定并经爆破领导人批准。

第四节　坚硬顶板聚能爆破效果检验

某矿目前对于断顶卸压效果检验主要采用微震、应力、震波 CT 探测以及钻孔取芯等方法进行。

一、微震监测检验

某矿目前在 8303、2305 回采工作面均施工了顶板深孔爆破，并不断对爆破间距及装药量等参数进行优化，有效降低了工作面回采期间的动载，初步实现了顶板破裂的"低频高能"向"高频低能"转化。

根据 ARAMIS 微震系统检测，2305 工作面回采期间采空区发生一次五次方微震事件（井下无任何显现），其余微震事件均小于五次方。通过采取针对性的防冲措施有效降低了开采过程中的大能量微震事件（表 8-9、表 8-10）。

微震事件能量（J）	事故前（次）	事故后（次）
是否采取顶板爆破	否	是
$1×10^2$	42	2500
$1×10^3$	796	2373
$1×10^4$	2	69
$1×10^5$	0	1
$1×10^6$	0	0
$1×10^7$	1	0
能量释放规律	低频高能	高频低能

某矿 8303 工作面开采以来微震事件能量对比表　　表 8-10

微震事件能量（J）	$1×10^2$	$1×10^3$	$1×10^4$	$1×10^5$
工作面回采前	0	0	0	1
采取顶板爆破后回采	961	2991	69	0

二、震波 CT 探测

通过顶板爆破煤层大直径钻孔措施，有效降低了冲击风险。以 2305 工作面重开切眼治理前后的震波 CT 原位探测结果为例，治理后工作面的中等以上冲击危险区域大幅减少，整体以弱冲击为主，实现了开采区域冲击危险等级的降低（图 8-20）。

三、钻孔取芯

在 2305 工作面采取顶板爆破区域附近进行了顶板钻孔取芯工作，得到爆破半径约为 0.6m。从而对倾向扇形爆破孔的开孔位置进行了优化，将开孔位置距离缩小至 0.5m，提高了孔与孔之间的爆破耦合系数。

四、钻孔窥视

断顶爆破实施后，可在顶板岩层中产生裂隙，通过观测裂隙沿侧向的长度，可以评价断顶效果。可采用TYGD10岩层钻孔探测仪进行钻孔窥视，从而确定裂隙位置。TYGD10岩层钻孔探测仪由主机和辅机两部分组成（图8-21）。主机用来观察钻孔裂隙发育、破坏特征，并在显示屏上显示出来，辅机由防爆摄像机构成，用来记录拍摄主机观察到的钻孔情况。

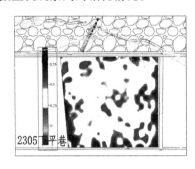 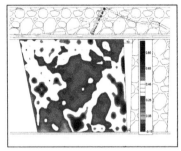

(a) (b)

图8-20　震波CT原位探测结果

(a)治理前；(b)治理后

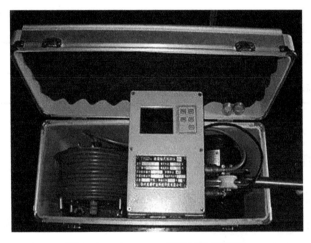

图8-21　TYGD10岩层钻孔探测仪

基于钻孔窥视的断顶效果检验方案：

（1）爆破前，在相邻爆破孔之间施工观测孔，依次在距离爆破孔3、5、7、9m处施工观测孔，孔深等于爆破孔孔深，钻孔直径不超过42mm；

（2）注水清洗观测孔孔壁；

（3）爆破前利用TYGD10岩层钻孔探测仪窥视观测孔，记录观测孔孔深、裂隙分布等；

（4）爆破后，再次利用TYGD10岩层钻孔探测仪窥视观测孔，记录观测孔孔深、裂隙分布等；

（5）对比观测孔爆破前后裂隙分布，得到爆破预裂范围；

（6）根据爆破预裂范围，评价断顶爆破效果。

五、来压步距观测

采煤工作面来压步距一定程度上能够反映断顶效果，如 2021 年 1303 工作面实施断顶后，周期来压平均为 20.5m，同比 2020 年减少 1.1m，减少 5.1%。为此，可通过分析采煤工作面来压步距检验断顶效果，提出基于来压步距观测的断顶效果检验方案：

（1）在采煤工作面上、下两端距离顺槽 10m 范围内布置液压支架工作阻力测区；

（2）每个测区选择 3 个液压支架进行对比观测；

（3）根据液压支架工作阻力曲线分析周期来压步距；

（4）对比实施断顶区域的周期来压步距和未实施断顶区域的来压步距，从而确定断顶效果。

参考文献

[1] 蒋金泉,张培鹏,秦广鹏,李付臣,许斌,许丽娜. 一侧采空高位硬厚关键层破断规律与微震能量分布[J]. 采矿与安全工程学报,2015,32(4):523-529.

[2] 刘长友,杨敬轩,于斌,杨培举. 多采空区下坚硬厚层破断顶板群结构的失稳规律[J]. 煤炭学报,2014,39(3):395-403.

[3] 吕进国,姜耀东,李守国,任苏迪,姜文忠,张占存. 巨厚坚硬顶板条件下断层诱冲特征及机制[J]. 煤炭学报,2014,39(10):1961-1969.

[4] 曹安业,窦林名. 采场顶板破断型震源机制及其分析[J]. 岩石力学与工程学报,2008(S2):3833-3839.

[5] 谭云亮,蒋金泉,宋扬. 采场坚硬顶板二次断裂的初步研究[J]. 山东矿业学院学报,1990(2):133-138.

[6] 谭云亮,蒋金泉. 采场坚硬顶板断裂步距的板极限分析[J]. 山东矿业学院学报,1989(3):21-26.

[7] 张志呈. 定向卸压隔振爆破[M]. 重庆:重庆出版社,2013.

[8] 高魁,刘泽功,刘健,邓东生,高新亚,康亚,黄凯峰. 深孔爆破在深井坚硬复合顶板沿空留巷强制放顶中的应用[J]. 岩石力学与工程学报,2013,32(8):1588-1594.

[9] 唐海,梁开水,游钦峰. 预裂爆破成缝机制及其影响因素的探讨[J]. 爆破,2010,27(3):41-44.

[10] 姬健帅,李志华,葛胜文,程黎明. 坚硬顶板深孔预裂爆破强制初放技术研究[J]. 矿业安全与环保,2021,48(6):34-39.

[11] 王成,王万军,宁建国. 聚能装药对混凝土靶板的侵彻研究[J]. 力学学报,2015,47(4):672-686.

[12] 段建,杨黔龙,周刚,初哲,田亚军,张颖. 串联战斗部前级聚能装药和隔爆结构设计与实验研究[J]. 高压物理学报,2006(2):202-206.

[13] 黄庆显,王金梁,娄俊豪,王旭锋. 坚硬岩石聚能爆破破岩效果数值分析[J]. 煤矿安全,2013,44(10):189-191.

[14] 刘健,刘泽功,高魁,马衍坤,李重情,郭林杰. 深孔定向聚能爆破增透机制模拟试验研究及现场应用[J]. 岩石力学与工程学报,2014,33(12):2490-2496.

[15] 杨仁树,付晓强,王盛霖,杨立云,李炜煜. 切缝药包聚能控制爆破在立井硬岩快掘中的应用研究[J]. 煤炭工程,2017,49(2):33-35.

[16] 李清,梁媛,任可可,曾佳,张茜. 聚能药卷的爆炸裂纹定向扩展过程试验研究[J]. 岩石力学与工程学报,2010,29(8):1684-1689.

[17] 任艳芳,刘全明,徐刚,黄志增,王东攀. 冲击矿压解危深孔断顶爆破步距数值模拟研究[J]. 煤矿开采,2009,14(4):18-20.

[18] 高林生,郑学军,王野驰,居昌波. 底板深孔爆破卸压机理及底鼓控制技术研究[J]. 中国矿业,2020,29(8):104-110.

[19] 苏振国,邓志刚,李国营,马斌文,李少刚. 顶板深孔爆破防治小煤柱冲击地压研究[J]. 矿业安全与环保,2019,46(4):21-25,29.

[20] 高明涛,王玉英. 断顶爆破治理冲击地压技术研究与应用[C]//第十二届全国岩石动力学学术会议暨国际岩石动力学专题研讨会资料之一,2011:112-117.

[21] 樊晶. 深孔爆破预裂技术在治理冲击地压中的应用[J]. 煤矿现代化,2011(1):44-45.

[22] 冀贞文. 深孔断顶爆破技术在冲击地压危险工作面的应用[J]. 煤炭工程,2008(4):64-66.

[23] 郑有雷,魏秉祥,桂兵. 深孔爆破预裂技术在治理冲击地压中的研究与应用[C]//煤炭开采新理论与新技术——中国煤炭学会开采专业委员会2006年学术年会论文集,2006:217-224.

[24] 曹俊文. 断顶卸压留巷无煤柱开采技术在屯兰煤矿的应用[J]. 现代矿业,2017,33(3):119-121.

[25] 王正英,张纪堂,张海云,李强,徐新海,毛思雨. 基于数值模拟的矿柱扇形中深孔爆破参数研究与应用[J]. 采矿技术,2019,19(6):145-148.

[26] 陈京,郭煜,蒋庆,苟治伦. 深孔爆破技术在采面补充瓦斯灾害治理中的应用[J]. 煤炭技术,2021,40(3):121-123.

[27]牛海龙. 深孔爆破在巷道掘进中的应用[J]. 石化技术,2020,27(12):248-249.

[28]任壮. 深孔爆破在巷道掘进中的应用[J]. 江西化工,2019(3):178-179.

[29]陈志峰,赵宁,王清华. 深孔爆破技术在薄煤层巷道掘进中的应用[J]. 山东煤炭科技,2018(1):3-4,7.

[30]王世潭,何标庆,林世豪,苏荣斌. 中深孔爆破技术在洪峰矿巷道掘进中的应用[J]. 现代矿业,2016,32(1):55-56.

[31]毕慧杰,邓志刚,李少刚,莫云龙,苏振国. 深孔爆破在小煤柱巷道顶板控制中的应用[J]. 煤炭科学技术,2022,50(3):85-91.

[32]齐庆新,雷毅,李宏艳,冀贞文,刘军,潘俊锋,王永秀. 深孔断顶爆破防治冲击地压的理论与实践[J]. 岩石力学与工程学报,2007(S1):3522-3527.

[33]胡善安. 深孔断顶爆破防治冲击地压的理论分析[J]. 中国新技术新产品,2013(6):83.

[34]陈宏涛,程贵海,蒙海霖,曾朝伟,李昂昂,朱栋梁. 正交试验法在深孔爆破振动优化中的应用[J]. 工程爆破,2019,25(6):38-43.

[35]曹安业,陈凡,刘耀琪,窦林名,王常彬,杨旭,白贤栖,宋士康. 冲击地压频发区矿震破裂机制与震源参量响应规律[J]. 煤炭学报,2022,47(2):722-733.

[36]曹安业,朱亮亮,李付臣,窦林名,赵永亮,张贞良. 厚硬岩层下孤岛工作面开采"T"型覆岩结构与动压演化特征[J]. 煤炭学报,2014,39(2):328-335.

[37]曹安业,范军,牟宗龙,郭晓强. 矿震动载对围岩的冲击破坏效应[J]. 煤炭学报,2010,35(12):2006-2010.

[38]曹安业. 采动煤岩冲击破裂的震动效应及其应用研究[J]. 煤炭学报,2011,36(1):177-178.

[39]丛利,曹安业,周远宏,王常彬,陈凡,董敬源,谷雨. 基于动静载冲击地压危险叠加的综合预警方法[J]. 采矿与安全工程学报,2020,37(4):767-776.

[40]刘志刚,曹安业,朱广安,王常彬,井广成. 不耦合爆破技术在高应力区域卸压效果[J]. 爆炸与冲击,2018,38(2):390-396.

[41]窦林名,曹晋荣,曹安业,柴彦江,白金正,阚吉亮.煤矿矿震类型及震动波传播规律研究[J].煤炭科学技术,2021,49(6):23-31.

[42]徐学锋,窦林名,曹安业,江衡,张明伟,陆振裕.覆岩结构对冲击矿压的影响及其微震监测[J].采矿与安全工程学报,2011,28(1):11-15.

[43]张兰生,郝显福.爆破采矿技术的发展及实际应用[J].世界有色金属,2020(17):43-44.

[44]王汉军,杨仁树,李清.薄壁结构双曲线冷却塔的定向爆破拆除技术[J].煤炭科学技术,2006(7):36-37,40.

[45]牛学超,杨仁树.立井深孔爆破参数的探讨[J].建井技术,2001(4):33-35.

[46]杨永琦,杨仁树,成旭,杜玉兰,李彦涛,金乾坤,刘绍发,许义,贾云峰.定向断裂爆破机理实验研究[J].煤矿爆破,1995(2):1-5,11.

[47]杨永琦,杨仁树,单仁亮,郭瑞平,杜玉兰,金乾坤,刘绍发,许仪,宋浩,贾云峰.岩巷定向断裂爆破机理研究与实践[C]//第四届全国岩石动力学学术会议论文选集,1994:69-76.

[48]杨云龙.工程爆破技术在矿山开采中的应用[J].大众标准化,2020(9):53-54.

[49]刘积铭,马长世.我国爆破技术的应用与研究现状[J].煤矿爆破,1996(1):21-23,27.